大家來破案 III

陳偉民◎著　米糕貴◎圖

推薦序

科學好好玩

　　費曼說，為了覺得好玩而做物理。

　　居里夫人說，男女在智力上沒有差異。

　　既然如此，那何不讓大家都為了好玩而學科學呢！

　　很榮幸有這個機會為陳偉民老師的《大家來破案III》寫序。認

識陳老師多年，常在不同的場合上遇到陳老師，有時是在國立編譯

館的教科書編輯會議上，有時是在教師專業成長研討會中，總是看

到他神采飛揚的侃侃而談其教學經驗以及設計實驗的巧思，並對教

材提出具體的建議。我也在辦理國內、外會議時，特別邀請他主持

創意實驗工作坊，讓與會者能享受他創意無限的實驗活動。這些年

來我對於陳老師在科學實驗設計上的創意深感佩服，對於他曾為求

證夜市賣的飲水機的品質與說法，而親至夜市觀察並設計實驗來驗

證其可信的印象深刻。這樣的態度對陳老師而言並非特例，猶記

得他翻譯《打造化學力》時，為求證書中所引的詩詞正確性，特別

寄信到美國與原作者商討內容。可知其為學求真、求實的態度。陳老師出版的書一向深受師生與家長歡迎，同時他著作的書也是國中小學優良讀物，他對於化學的熱情與執著可見一斑。

　　這次陳老師的《大家來破案Ⅲ》，再度將科學知識透過問題解決的方式呈現出來。書中主角明雪的表現一再說明仔細觀察、建立假設、尋找相關資料、提出證據等的推理過程，終可獲得合理的結論，這也是孩童們在科學活動中可以、也應該培養的一種探究能力。譬如在〈復仇之光〉中，明雪提出自己觀察影帶的心得：「監視錄影帶裡，警衛搖了幾下包裹也沒引爆，為什麼奇錚一打開包裹就引爆？」（仔細觀察，提出問題）。她停頓了一下繼續說：「當時歹徒並未驚恐後退，顯示有兩種可能，一是，他知道搖晃不會引爆，或者，他只是被人利用送包裹，根本不知道會爆炸。」（建立假設）。接著是明雪在化學科段考中，有一題考的是「光反應」，明雪對這類題目不是很熟，所以她先到圖書館借了一本相關書籍（聯想到尋找相關資料）。明雪指出書中提及：「氫氣和氯氣混合在一起時，若照射到紫外光會引發爆炸，產生氯化氫氣體。」（科學知識）。於是明雪想到它可能是歹徒引爆的方法（聯想）。明雪指出：「他在包裹裡放置玻璃瓶，瓶中填充氫氣及氯氣的混合

物，在黑暗中不會發生反應，就算搖晃也不會引爆（科學知識的應用）。但是當奇錚打開包裝紙盒的瞬間，陽光照射到瓶子裡的混合氣體，立即引發劇烈的放熱反應，把玻璃瓶炸得粉碎（推理、科學知識的應用、並提出證據），奇錚就是這樣受傷的。而氫與氯反應後生成氯化氫，和空氣中的溼氣相遇就變成鹽酸，所以爆炸的碎屑中找不到火藥，卻驗出鹽酸（解釋現象與下結論）。」這樣的故事可以培養學生推理、運用既有知識、尋找資源、提出證據、到下結論的推理歷程的能力。另外，這一則故事也告訴我們科學知識可以製造問題，但也可以造福人群，端賴使用者的是非觀念，所以善用知識才是王道。

偉大的科學家都有不同於一般人的敏銳觀察力和推理能力。鮑林（美國著名科學家）在冬天時，與母親和妹妹在車站候車，只見他在寒冷的空氣中踱步，但妹妹和母親則緊緊的靠在一起。鮑林的妹妹回憶說，鮑林對他的母親說：「媽媽，如果你動一動，你就不會覺得那麼冷，因為你的腳在移動間接觸地面的時間只有站著不動時的一半。」小小年紀卻能從日常生活觀察中，做出一個合理的推論，顯見科學就在日常生活中，科學素養也就是如此慢慢養成的。

臺灣學生參加「國際科學與數學趨勢研究（TIMSS）」，在

物理、化學、生物、地球科學、數學的表現一向都相當傲人。然而我們學生的科學興趣卻是低於國際平均值，甚至在參賽國中敬陪末座。這樣的結果反映出國內科學教育的偏差，學生在國際評比中表現優異，但是卻不喜歡科學。這是多麼令人沮喪的結果。

另一項「國際科學素養（PISA）」的研究顯示，臺灣學生從2006年科學名列五十七個參與國家中的第四名，落到2009年名列十二，以及臺灣學生在科學舉證的能力名列全世界第八、辨識科學議題的能力在全世界名列第十七。後兩項皆落後香港、日本和韓國。這樣的研究結果，讓人更加憂心國內科學教育的落實工作。

總而言之，國內的科學學習，在興趣與動機的提升、舉證與分辨等重要科學議題上的表現，仍有進步的空間。陳老師的生活化教材與科學知識的應用範例，是另一種傳遞科學知識與引起學習動機的方式。我們希望陳老師能繼續為科學教育的扎根努力，因為他的付出與貢獻是受到肯定的。

國立臺灣師範大學科學教育研究所　　邱美虹

自序

科學興趣來自
生活經驗的觀察

　　《幼獅少年》連載的「大家來破案」專欄推出已超過十一年，集結成冊的書也即將出版第三本了。回首來時路，固然頗感欣慰，但「無中生有」的過程也十分辛苦。

　　我寫作的動機大多來自科學上的點子，例如某次實驗觀察，或是讀到某篇科學報導後引發的靈感，想把它化為文章，與讀者們分享。

　　舉例來說，某次參加師大化學系的教師研習活動，蕭次融教授正在進行銅幣變銀幣，再變金幣的演示實驗，某位老師回頭問我說：「你知道這個實驗的原理嗎？鋅的活性明明比銅大，怎麼會在銅幣上析出？」雖然我做過這個實驗，但卻未深入思索過這個問題。於是接下來的好幾個月，我就努力蒐集相關實驗的資料，然後

試做實驗，再請教專家，經修正後，終於釐清頭緒。

原來拉午耳（沒錯，提出「拉午耳定律」的那位化學家）在1873年就證明鋅、鎘等活性大的金屬，可以無電電鍍（electroless plating）在金、銀等活性小的金屬上。對此類反應，拉午耳提出一個觀點：「活性大的金屬與活性小的金屬混合成合金時，會降低原來金屬的活性。」拉午耳把此現象類比於拉午耳定律所描述的現象：溶劑中溶有非揮發性的溶質時，會降低純溶劑的蒸氣壓（別忘了，合金是溶液）。

就銅幣變銀幣的反應而言，純鋅（以 Zn_{zn} 表示）的活性大於鋅銅合金（以 Zn_{cu} 表示）。銅幣變銀幣（鍍鋅）的反應可表示為：

$$Zn_{zn}+Zn_{(aq)}^{2+} \rightarrow Zn_{(aq)}^{2+}+Zn_{cu}$$

活性大的金屬把活性小的合金置換出來，這是一種被遺忘很久的置換反應。

追查真相的工作告一段落後，我就將心得融入演講、邀稿、教學中。接著，「大家來破案」專欄交稿的時間到了，於是一個化學演示實驗就變成一個偵探故事，篇名叫〈鍊金夢〉。

本書中所提到的實驗，例如在〈身如漂萍〉中，蛋會在鹽水中浮起來的實驗，還有〈紙上的魔術〉中，傳真紙（即感熱紙）受熱

及遇醋會變色的實驗，都很容易完成，建議讀者們不妨自行在家中試試。

但是像〈復仇之光〉裡描述的爆炸，讀者們可別在家中進行，因為太危險了。

幸好youtube有許多人利用合格實驗室拍攝的實驗影片，只要上網觀賞就可以。http://www.youtube.com/watch?v=S0eKJZKfMBg即為其中一段影片。

提到這個反應，我就聯想到曾有人指出這個反應方程式，左右兩邊氣體莫耳數一樣：

$$H_{2(g)}+Cl_{2(g)} \to 2HCl_{(g)}$$

應該不可能爆炸。其實不然，無論用鎂燃燒的白光或照相用閃光燈都會引爆，鐵證如山。因為氫氣與氯氣若照射到可見光中的紫光（波長為495.1nm，主要作用為引發初始步驟），將引發自由基的鏈鎖反應：

★初始步驟：

$$Cl_2+hv \to 2Cl \cdot$$

★延續步驟：

$$Cl\cdot+H_2\rightarrow HCl+H\cdot$$

$$H\cdot+Cl_2\rightarrow HCl+Cl$$

★終結步驟：

$$2H\cdot\rightarrow H_2$$

$$2Cl\cdot\rightarrow Cl_2$$

$$H\cdot+Cl\cdot\rightarrow HCl$$

★總反應：

$$H_2+Cl_2\rightarrow 2HCl$$

因自由基引發的鏈鎖反應極為快速，且總反應的反應熱為$-184.6kJ/mol$，因此雖然反應前後氣體莫耳數沒有改變，但仍會引發爆炸。

書中涉及的各種反應，若要說清楚，有點麻煩，但我無意破壞一則好故事，所以在書中並不深入解說原理，只求引發讀者們的興趣；或建立正確觀念，不要成為理盲，我就很欣慰了。

本書所談到的科學原理都有根據，但故事從哪裡來？當然要順著科學的原理編出合理的情節，但是書中主角的身分是中學生和小

學生，他們身邊能有多少刑案？亂丟垃圾、破壞公物？這些都寫完了，之後呢？當然就要參與他們身邊的大人（包含警察、鑑識專家和私家偵探）所辦的案子。

　　至於案發現場也不能受限於學校，主角們只好多多出外旅遊。所以明雪和明安幾乎每個月都要出外旅遊。為了寫景能有真實感，筆者也「只好」以寫作之名，經常出外旅遊。書中描寫的墾丁、南部水庫、美術館地下室、鶯歌石，均有所本。2010年初，我與大學同學在香港搭船夜遊維多利亞港的經驗，也成了〈海上驚魂〉的場景。

　　這些場景並非刻意要嵌入故事中，而是當構思到某一段案情時，腦海自動會浮出某情某景，而自然融入情節之中，有時候我自己也深感人腦真是不可思議。

〈海上驚魂〉其中一段描述：「……赤腳在菜園嬉戲，不幸被吸血水蛭纏上……當將鹽撒在水蛭身上，只見水蛭不斷冒出水來，身體也愈來愈小，最後只剩一團溼溼的痕跡。」就是個人的童年經歷。當時是民國57年，華江橋剛完工，那年暑假我每天要徒步往返過橋，到江子翠的某處菜園清洗玻璃瓶（現在的時髦說法叫「資源回收」）。當時眼見水蛭化為一灘水，感到既恐怖又新奇，但並不了解其中原理。直到長大後讀了化學，才知道那是滲透現象。這個例子也可以說明，即使不了解其中的原理，只要目睹現象，就足以引發對科學的興趣，所以希望讀者們開開心心的讀完故事，其中的原理以後再慢慢弄懂也不遲！

陳偉民 謹識

目錄

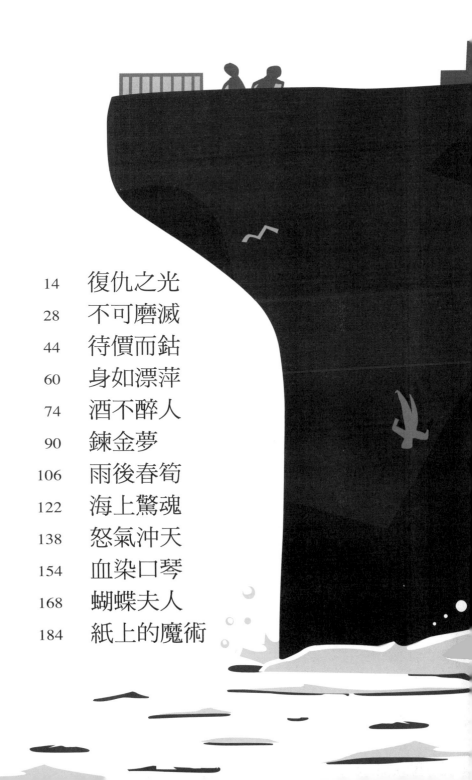

復仇之光

段考快到了，大家連中午休息時間都拚命用功，一邊扒飯，一邊看書。平常喧鬧的午餐時間，呈現難得的寧靜。這時，有個又高又胖的年輕人把機車停在校門口附近的圍牆邊後，手持一個包裹，來到警衛室。

「我要送東西給學生。」

警衛是由學校簽約的保全人員擔任，今天值班的是一位老伯，他堅持外人不能進入校園。「除非你用身分證抵押，換取來賓證，等離開校園時再換回。」

年輕人搖搖頭說：「那麼麻煩喔，乾脆你幫我轉交好了。」

於是警衛接過來，看看包裝精美的包裹，用手搖了搖，沒有聲音，便問：「裡面是什麼？」

年輕人笑了笑：「沒什麼，只是禮物。」

「要送給誰呢？」

「上面有寫班級姓名。」

警衛看到包裹外面的貼紙上寫著「三年十六班　賴奇錚」，便點頭代為收下，年輕人轉身離去後，警衛隨即向學務處報告這件事情。

幾分鐘後，校園裡的網路廣播系統就在三年十六班教室前方的電視螢幕上，打出「三年十六班賴奇錚同學請至門口警衛室領取包裹」的字樣，取代以往用擴音器廣播，使校園更加安寧了。

奇錚拿到包裹時，想不透是誰寄給他的：「沒有貼郵票，也沒有宅配公司的雙聯單，那是誰送來的呢？」

警衛伯伯說：「是個年輕人送來的，說是送你的禮物。」

奇錚充滿疑惑，在穿越操場回教室的途中，他迫不及待的撕開這個神祕包裹外面的包裝紙，裡面是個紙盒子，才剛掀開紙盒，還來不及看清楚裡面的東西，突然「砰」一聲，奇錚立刻慘叫倒下，警衛趕過來看到他滿臉是血，急忙叫救護車並報警。

　　寧靜校園突然聽到一聲爆炸，不禁令人心中一震，馬上就有別班同學衝進教室大喊：「不好了，你們班的奇錚被炸傷了。」

　　班上同學在半信半疑之間，急忙往校門口一探究竟。這時學校的護士阿姨正在檢查奇錚的傷勢，幾位教官站在外圍，不准同學靠近，但同學們都十分心急不想離開，還有人看到奇錚滿臉是血，嚇得哭出來，直到救護車的鳴笛由遠而近停在校門口，醫護人員抬著擔架下來，同學們這才放心回教室休息。

　　下午的課讓人感覺十分漫長，多數同學沒有心情上課，一心掛念著奇錚的傷勢，第五節下課時，班長接到導師由醫院打來的電話。

　　「奇錚的臉部及手上有許多炸碎的玻璃碎片，醫生花了很多時間清理那些碎片，幸好奇錚是個大近視眼，厚重的鏡片保護了他的眼睛，而且沒有傷到重要器官，不會有生命危險，真是不幸中的大幸，只要住院幾天就沒事。」全班同學聽到班長的轉述都稍稍放心，大家相約放學後要到醫院探望

奇錚。

明雪由教室窗戶望向操場，看到刑警李雄正在向警衛問話。她心裡很煩躁，想不透怎麼會有人設計這種惡毒的方法，去炸一名單純的高中生，這個案子她管定了！

放學後，李雄一看到明雪走進警局就笑著說：「我就跟張倩說，別的案子妳都管了，同班同學被炸傷怎麼可能不管？」

明雪急著要知道調查進度，李雄把案發經過描述一遍。「我調閱了大門的監看錄影帶，可惜歹徒把機車停在圍牆邊，所以沒照到車牌號碼，而且歹徒全程戴著安全帽，所以臉孔也看不清楚。」

李雄一邊說，一邊播放錄影帶給明雪看，明雪緊盯著螢幕，仔細觀察歹徒的每個動作。

這時鑑識專家張倩正好到刑事組來，也調侃明雪一番。

明雪尷尬的說：「好嘛，你們都了解我的個性。張阿姨，快告訴我，妳目前有什麼發現？」

張倩收斂開玩笑的態度，嚴肅的說：「這案子有點棘

手，因為包裹碎片中完全找不到指紋，更奇怪的是，一般的爆炸案，一定可以檢驗出殘餘的火藥痕跡，但是今天現場取回的碎片裡完全沒有，倒是玻璃上檢驗出微量的鹽酸，和一般爆炸案不同。」

「沒有火藥？那奇錚怎麼會被炸傷？」

張倩說：「他的臉和手是被玻璃碎屑刺傷，歹徒送來的包裹沾了許多玻璃碎屑，現場也找到破碎的玻璃瓶，加上操場上所有人都聽到爆炸聲，所以奇錚的確是被炸碎的玻璃刺傷，不過沒驗出火藥痕跡，所以我們目前還想不出，歹徒是用什麼方法引爆玻璃瓶。」

明雪提出自己觀察影帶的心得：「監視錄影帶裡，警衛搖了幾下包裹也沒引爆，為什麼奇錚一打開包裹就引爆？」她停頓了一下繼續說：「當時歹徒並未驚恐後退，顯示有兩種可能，一是，他知道搖晃不會引爆，或者，他只是被人利用送包裹，根本不知道會爆炸。」

李雄點點頭：「歹徒停放機車的位置，恰好是監視器的死角，而且他一直戴著安全帽，手戴皮手套，面貌沒曝光，

包裹上也沒留下指紋。種種跡象顯示，這是一件精心設計的犯罪事件，所以我認為第一種情況較為可能。」

張倩也同意：「所以他一定使用了某種特殊的引爆法。」

接下來幾天，明雪用功準備段考，暫時忘了奇錚的案子，班上同學也輪流到醫院為奇錚復習段考重點。奇錚後來也如期出院參加考試，等最後一堂考完後，奇錚請惠寧代為宣布，賴媽媽為了慶祝奇錚出院，同時感謝同學們這幾天對奇錚的關心照顧，打算邀請同學們參加明天在家裡舉辦的小型餐會。於是大家決定一起出錢訂蛋糕，明早送到奇錚家。

這次段考，化學科有一題考的是「光反應」，明雪對這類題目不是很熟，周六要到奇錚家之前，她先到圖書館借了一本相關書籍。

奇錚位於北投的家，是山坡上的一棟別墅，門前有很大的庭院，庭院裡有漂亮的草皮、小池塘；餐會採自助式，庭院中長餐桌上有一盤盤餐點，同學們取餐後，散落在庭院各處邊吃邊聊，只有明雪一人坐在樹下，聚精會神的讀著剛借

來的書。

突然有人拍她的肩膀，原來是雅薇，「蛋糕送來了都不知道，書呆子。」

明雪自己都覺得好笑，竟然看書看到出神，透過庭院的鐵欄杆，她看見一位又高又胖，戴著安全帽的送貨員正跨上機車，隨即發動引擎騎走了。

明雪指著那人的背影問雅薇：「那是送蛋糕的人嗎？蛋糕錢誰付的？」

「是呀！就是他，不過他說蛋糕的錢已經付清，轉頭就走。」

明雪回頭，看到惠寧把蛋糕盒放在庭院中央的餐桌上，解開包裝的繩子，正打算掀開盒子。她急忙大聲制止：「不要打開！」

眾人都被明雪的喊叫聲嚇了一跳，紛紛問：「為什麼？」

明雪趕緊要所有人後退，然後向賴媽媽要了兩樣東西：一個黑色袋子和一根竹竿。賴媽媽丈二金剛摸不著頭腦，奇

錚說：「媽，你就照明雪說的去做，她是個小偵探，這麼說一定有她的理由。」

於是賴媽媽找來明雪要求的物品後，明雪便用黑色布袋套住蛋糕盒，然後用手伸進去摸索著掀開蓋子，再去摸裡面的東西，她沒有摸到蛋糕，而是冰冷的容器。「各位，我猜的沒錯，這不是蛋糕，而是歹徒對奇錚的第二次攻擊。」

「啊？」大家一聽，嚇得又往後退了好幾步。

明雪抓緊黑色布袋往前放在草皮中央，然後後退拿起竹竿，確認眾人距離夠遠後，就用竹竿撥開黑色布袋，裡面露出一個玻璃瓶，隨即聽到「砰」一聲，玻璃瓶在大家眼前炸成碎片。

惠寧嚇得冷汗直流：「要不是妳的制止，被炸傷的人不就是我嗎？這到底是怎麼回事呢？」

明雪笑著說：「別怕，現在真相大白，我先通知警方抓人，再向你們解釋。」

明雪馬上撥打手機，向刑警李雄報告來龍去脈，並請他去逮捕歹徒，說完後，同學紛紛聚攏過來，想知道整件爆炸

案的真相。

明雪說：「剛才我抬頭看到蛋糕送貨員的背影，恰好和送炸彈包裹到學校的歹徒很像，我突然想到一年多以前那個『網中蜘蛛』的案子，當時奇錚為了賣網路寶物，在KTV被化名為木瓜的網友打傷，木瓜的本名叫錢炳盛，體型也是又高又胖。」（請見《大家來破案Ⅱ》〈網中蜘蛛〉）

奇錚恍然大悟：「你是說那個錢炳盛已經出獄，而且要來找我復仇？」

雅薇搖頭不以為然：「光憑體型就說送貨員是歹徒，太武斷了吧！」

「我剛才講了，體型只是引發我的聯想而已。可疑的是，蛋糕是我訂的，說好貨到付款，可是這位送貨員沒收錢就急忙走了，天底下哪有這麼好的事？」

明雪舉起手裡的書：「今天早上，我從圖書館借了這本書，裡面介紹了許多光化學反應，其中有一個反應，讓我解開謎團。」

明雪把書翻到其中一頁，交給同學們傳閱，然後繼續說

下去：「書上說，氫氣和氯氣混合在一起時，若照射到紫外光會引發爆炸，產生氯化氫氣體。我立刻想到這可能就是歹徒引爆的方法，他在包裹裡放置玻璃瓶，瓶中填充氫氣及氯氣的混合物，在黑暗中不會發生反應，就算搖晃也不會引爆。但是當奇錚打開包裝紙盒的瞬間，陽光照射到瓶子裡的混合氣體，立即引發劇烈的放熱反應，把玻璃瓶炸得粉碎，奇錚就是這樣受傷的。而氫與氯反應後生成氯化氫，和空氣中的溼氣相遇就變成鹽酸，所以爆炸的碎屑中找不到火藥，卻驗出鹽酸。」

同學們這才恍然大悟，明雪說：「送貨員的特殊體型引起我的懷疑，所以為求心安找來黑色布袋，再把蛋糕盒放進袋子裡，因為光線被阻隔了，我才敢打開蛋糕盒，用手去摸，結果摸到一個瓶子，就知道自己猜對了……」

「也救了我……」惠寧感激的說：「妳剛才用竹竿撥開黑色布袋，就是讓陽光照射混合氣體，所以發生爆炸，對不對？」

明雪點點頭，感慨的說：「剛才的爆炸威力大家都見到

了，這個歹徒太狠心，沒想到他還進行第二次攻擊，我已經向警方報告，也提供可疑的嫌犯姓名，相信很快就可以逮捕他，奇錚你可以放心了。」

賴媽媽拿著掃把要清理草皮上的碎屑，明雪急忙制止她。「這是刑案證據，不要清理，等一下警方鑑識人員會來蒐證。」

這時候門口有人大喊：「送蛋糕。」

眾人面面相覷。「又有第三波攻擊啦？」

明雪走向前去，向送貨員問了一些訂貨的細節，便付錢簽收蛋糕。她轉身對同學們說：「放心啦，這次真的是我們訂的蛋糕啦！」

大家仍然心有餘悸，每個人都退得遠遠的，只好由明雪掀開蛋糕盒，果然是令人垂涎三尺的草莓蛋糕，於是眾人才開開心心的圍過來分享，現場又恢復歡樂的氣氛。

不久後張倩前來進行蒐證，同時帶來好消息：「錢炳盛還沒進家門，就遭到李雄組長逮捕，他承認兩個爆炸案都是他做的。他坐牢期間，在獄中向一名有化工背景的犯人學習

這一套爆裂物的製作手法，前幾天出獄後，因懷恨奇錚害他入獄，所以就把奇錚列為報復對象。」

明雪氣憤的說：「太可惡了，自己犯罪還要怪別人，奇錚已經被他炸得這麼慘，還要發動第二波攻擊……」

張倩停頓了一下，才嚴肅的說：「根據他的供詞，第二波攻擊的對象，其實是妳……」

「我？」明雪訝異的問。

「是的，因為當初他被帶到警局時，妳就站在我身旁，記得嗎？所以他決定找妳復仇，他打聽到你們今天這裡有訂蛋糕，所以就冒充送貨員將爆裂物送來，他認為掀開蛋糕盒時，大家都會圍在旁邊，所以一定可以炸到妳。至於會不會傷及無辜，他就不管了……」

「好可怕！」明雪不禁打了寒顫，「不過，我不怕，就因為這些歹徒太可惡了，所以我更堅定決心，將來要當一名偵探，將更多的歹徒繩之以法。」

　　如果氫氣在氯氣中是以安靜燃燒而非劇烈反應的方式，就會呈現出白色火焰的反應現象，同時伴有白霧（為HCl溶解於空氣中的水所形成的鹽酸小液滴）生成。

　　但若是在光線照射的條件下，氫氣與氯氣混合後的氣體，就會發生劇烈的燃繞反應——爆炸，然後變成有潛在危險性的「氯化氫」，由氫氣與氯氣反應生成，其化學方程式為$H_2 + Cl_2 \rightarrow 2HCl$。

　　另外，氫在常溫中也容易和氟發生劇烈的燃燒反應，而生成氟化氫。氟化氫是無色氣體，可在許多化學反應中擔任催化劑。氟化氫易溶於水，形成氫氟酸。氫氟酸可作為製造氟元素的原料，其酸性雖然不強，但可腐蝕玻璃，毒性極強。

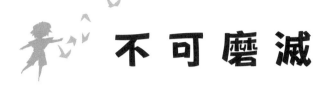

不可磨滅

「我們在這裡停留一小時，11點請準時回到車上。」帶頭的老師朗聲說道。

明安利用暑假尾聲參加三天兩夜南部科學之旅，參訪地點包括水庫、臺南科學園區、屏東海生館等。這是放暑假前就報名的活動，後來發生八八水災，他以為去不成了，沒想到主辦單位說海生館、科學園區等處均不受影響，於是照原定計畫出發。

由於報名的小朋友來自全國各地，第一天大家互不認識，有點生疏。

這一站本來要參觀水庫附近的遊客中心，但車子翻山越嶺抵達目的地，大家正在讚歎深山裡竟有一棟玻璃帷幕的建築物，卻發現大門深鎖。

主辦單位攔下一輛路過的小客車，詢問怎麼回事；恰好駕駛是附近居民，解釋遊客中心雖沒有受損，但工作人員全

去支援重建工作，這兒將封閉一段時間，還透露前往大壩的路只有部分搶通，大型遊覽車無法進去。

因為附近沒有其他景點，帶隊老師只好教大家下車走走。

由於團員彼此不熟悉，所以下車後各走各的，有人繞著遊客中心拍照，有人沿著山谷邊緣，觀察被混濁溪水沖毀的小路。明安繞了一圈，覺得無趣，就往建築物後的樹林走去。走了一陣子，回頭看不到同伴，正想往回走，未料樹林濃密，已認不清剛才的路徑。

雖然聽得到潺潺溪水聲，但明安就是走不出樹林。他低頭看看手機，完全收不到訊號，因此愈走愈慌；繞了一大圈，發現又經過同一棵大樹，明安知道自己迷路了。

他深吸一口氣，告訴自己別慌張，畢竟天色還很亮，不會有危險，只要朝同一方向走，肯定能走出樹林，回到公路上，到時向居民求救，就可脫險。於是他盡量維持同一方向，過了十幾分鐘，終於走出樹林。

踏出樹林，就看到一間很大的鐵皮屋，屋前停放客貨兩

用的汽車，他心想終於得救了，快步走向前。

「有人在嗎？」明安站在門口朝屋裡喊，無人回應。他納悶的走近小貨車，心想：車子既然還在，主人跑哪去了呢？由車窗看進去，裡面有些布袋；繞到車子後面，後車廂未關上，可見車主正在裝貨。

「小弟弟，你在找什麼？」身後突然響起沙啞嗓音，明安嚇了一跳，原來是個矮胖的禿頭男子。

明安立刻求援：「我迷路了，你可以帶我回遊客中心嗎？大家應該都在找我。」

胖子笑著安撫，「你先進屋裡等，我們搬完貨再載你去。」

明安恨不得趕快歸隊，但總不能勉強別人放下手邊工作。「屋裡有沒有電話？我想先向參訪團報平安，我的手機收不到訊號。」

「有，你進屋裡打。」胖子指著半掩的門。明安高興的走進屋裡，看到屋內景象卻嚇了一跳，因為這並非一般住家，而是菇類栽培室。裡面有許多角鋼製成的架子，栽培

一層層菇類，但有些架子被推倒，菇類也散落地面，一名留小鬍子、頭髮抹得油亮的年輕男子，正在撿拾掉落地面的菇類。明安認不出那是什麼菇，不過他覺得農夫絕不會這麼粗暴的對待農作物。

明安環視屋內，沒看到電話，心知不妙，於是假裝鎮定，「你們在忙啊？那我自己走路回去好了。」

隨後進來的胖子卻哈哈大笑：「你這小鬼挺機靈的嘛！想脫身？剛才你在門外喊叫，我們心想只要你走開，就放你一馬，偏偏你跑到車子那兒探頭探腦，我只好把你留下來，免得破壞我們的『買賣』。既然把你騙進來了，我還會讓你走嗎？」

「伯伯你在說什麼？我聽不懂。」明安想裝傻躲過一劫。

「少來這一套！告訴你，我們是來偷這些珍貴菇類的，沒想到被你撞見，我們可不能冒著被舉發的危險。」他對小鬍子下達指令，「把他綁起來！」

小鬍子用綁布袋的細繩，將明安雙手反綁背後，扔在

牆邊，然後繼續推倒菇架，撿拾菇類。胖子在一旁催促：
「快，這小鬼是跟團體一起來的，耽擱太久，會有人來找
他。」

明安背靠著鐵皮牆壁，鎮定思索著如何脫困。

不一會兒，贓物都搬上車後，小鬍子問：「老大，這小
鬼要怎麼處理？」

「他看清楚咱們的面貌，不能放他走，把他帶上車。」
胖子臉上浮現奸詐笑容，「我們可以勒索他父母，這是天上
掉下來的禮物！」

小鬍子伸手拉起明安，胖子則推著明安往外走。

「等一下，老大。」小鬍子眼尖，發現明安背後的鐵皮
牆面有字跡，蹲下來仔細查看，「這小鬼在牆面留下汽車車
號。」

胖子怒不可遏，在明安被反綁的手中找到一根鐵釘，
「小鬼，你果然很機靈。剛才你在車子前後東張西望，竟然
記下了車號，而且還把它刻在牆上求救，真不簡單。可惜聰
明反被聰明誤，等我們收到贖金，非把你做了不可。」

剛才明安雙手被反綁時，就在地上摸索，找尋可用物品，結果找到這根生鏽鐵釘，靈機一動，把歹徒的車號刻在鐵皮牆面，這樣警方要追查就容易多了；沒想到被小鬍子看到，計畫終歸失敗。

「我把小鬼帶到車上綁起來，你去工具箱找砂紙，磨掉牆上的車號。動作要快，我們得在搜尋小鬼的人馬到達前離開山區。」胖子下達命令後，小鬍子依言照做。不久，兩人便押著明安，揚長而去。

■　　　■　　　■

主辦單位等不到明安，非常著急，立刻通知當地警方及明安的家人。爸爸帶著明雪趕赴山區，參與搜尋行動；臨走前，他交代媽媽在家等電話，他相信明安一旦脫險，必定會打電話回家。

幸好有高鐵，他們很快抵達南部，再搭計程車抵達水庫附近的派出所。科學之旅主辦人報案後就留在派出所，不斷向爸爸道歉。

爸爸冷靜的說：「現在追究責任無濟於事，找到孩子最

要緊，你還是回去照顧其他團員吧！」

當地警力不足，只能由一位管區警員開著警車，載爸爸和明雪挨家挨戶詢問，但沒人看到明安，最後他們來到菇類栽培室。

警員本來不想下車，他說：「這家栽培室的主人是林內鄉民，這幾天回老家清理淤泥，所以沒人在家，明安應該不會在這裡。」

明雪發現空地上有一枚王建民手機吊飾，急忙下車查看。確認後，她興奮大喊：「爸，這是弟弟的手機吊飾，他來過這裡！」

警員質疑，「這款手機吊飾很流行，很多小男生都有，不一定是妳弟弟的。」

「但綁住吊飾的中國結是媽媽做的，我確定這是明安掉的。」

警員只好下車走向栽培室，從窗戶查看裡頭情形，他立刻發現不對勁，「主人不在，門也沒關，鐵架全被推倒，菇類一掃而空——這裡遭小偷了！」

　　明雪立刻發問，「明安會不會因為撞見行竊過程，而被抓走？」

　　警員沉吟片刻，「有可能，果真如此就不妙了。本以為是單純的兒童走失，現在卻變成重大刑案。」

　　他們立刻搜索現場，結果明雪在鐵皮牆面發現砂紙磨平的痕跡，「這痕跡很新，會不會是弟弟留下字跡，被歹徒發現而磨掉？」

　　爸爸點點頭，「非常有可能，以明安的個性，他若被歹徒抓走，一定會想辦法求救或脫困。」

　　明雪苦惱的問：「如果是他留下的字跡，肯定含有重要破案線索，現在卻被磨平了，我們該怎麼辦？」

　　爸爸一副胸有成竹的樣子，「在鐵皮刻字必須用極大力量，所以下方晶格會遭到破壞；雖然表面字跡被磨平，但刻過字的地方非常容易氧化，只要善用此原理，就能使字跡浮現。我們拆下鐵皮，送給刑事鑑定專家，他們有很多方法重現字跡。」

　　「我知道這家主人把工具箱放在哪裡，我去拿。」警員

找來一些工具，小心翼翼的拆下鐵皮。

明雪問：「接下來怎麼辦？」

爸爸詳細回答，「把鐵皮泡進酸性水裡。因為被破壞的金屬容易生鏽，經過一天，明安刻的字就會浮現出來。」

「這原理我懂，基於同一原理，車子如果被撞擊，雖然可用板金技術恢復美觀，但被撞過的地方還是容易生鏽。」明雪話鋒一轉，「但要等一天，是不是太久了？弟弟如果目睹歹徒面容，會不會很快就被滅口？」

警員提議，「還是先把鐵皮送回警局再說。這是警方的證物，請讓我依程序送給上級處理吧！」

「依程序送給上級處理？那不是更來不及嗎？」明雪心慌的嚷嚷著。

但三人想不出別的辦法，只好將鐵皮送回派出所。這時，明雪發現警官李雄與鑑識專家張倩正在派出所內與所長談話。

「李叔叔、張阿姨，你們怎麼會在這兒？」明雪看到他們，高興極了，知道弟弟有救了！

　　李雄表情嚴肅，「妳媽媽接到歹徒電話，對方要求巨額贖金，她只好先虛與委蛇，延後付款時間。因為你們在山區，手機收訊不良，所以她直接向警方報案。」

　　張倩接著說：「案件已升高為綁架勒贖，我和李警官正好被派往南部支援災後調查工作，上級就指定我們過來協助。」

　　爸爸焦急的問：「綁架？明安還平安嗎？」

　　李雄點點頭，「歹徒讓他和媽媽說了幾句話，目前仍舊平安。但時間緊迫，慢了恐怕……」

　　明雪急忙把拆下的鐵皮拿給張倩，並描述現場情形。「可是，爸爸建議的方法需要一天的時間，我怕來不及救弟弟。」

　　張倩安撫她，「別擔心，這次水災造成重大損失，許多大體、車輛都需要檢驗鑑識，所以我把儀器裝在車裡，帶了過來，這種情況正好可以使用磁束探傷法解決。妳找張乾淨的桌子，我馬上把儀器帶進去，幾分鐘內就會有結果。」

　　明雪小心翼翼的將鐵皮平放在桌上，張倩提著一部形狀

像ㄇ字的儀器進來，讓儀器橫跨被磨平的字跡兩端，邊啟動儀器，邊解釋給明雪聽，「這兩端分別是電磁鐵的N極和S極，磁力線由N極射出，經由外部回到S極，鐵皮受過損傷的地方附近，磁力線會較密集。」

接著她請李雄抓住儀器，她自己取出裝有橡皮球的小瓶子，並將瓶口對準被磨平的字跡，按下橡皮球，「這是一種特製的油，裡面有細微鐵粒懸浮。把油噴灑在鐵皮上，細鐵粒就會集中在磁力線較強的地方——妳瞧，字跡浮現了，是英文和數字組成的字串：HP-804……」

明雪不解，「這是什麼號碼？」

李雄笑著回答，「應該是汽車牌照號碼，可能是明安留下歹徒作案用的汽車號碼，要我們循線追查。我立刻上警用電腦調查。」

明雪感激的說：「張阿姨，還好妳使用這麼先進的儀器，我們才能快速破解被磨去的字跡。」

張倩進一步對著明雪和爸爸解釋，「如果歹徒搶奪軍警槍枝或偷竊汽、機車，通常會磨掉槍枝及引擎號碼，避免警

方追緝。從前是用陳爸爸所說的鏽蝕方法，讓號碼重現，但除了比較耗時，鏽掉的鐵器也不能恢復原狀，會永久破壞證物，所以現在我們優先採用磁束探傷法。工業上也可使用這種方法，找出鐵製機械或鐵管有裂縫之處，避免意外發生。」

這時，李雄已由車牌號碼追查出車主身分，「查到了！對方是偷竊慣犯，剛出獄不久，住在南部。」

數名警員陪同李雄前往逮捕歹徒，一小時後就傳來好消息──警方成功制伏兩名歹徒，並救出明安。

■　　　■　　　■

明安搭著警車回到派出所後，爸爸除了心疼的抱抱他，也忍不住責怪，「出外旅遊怎能隨意脫隊？」

明安知道自己錯了，一再向大家道歉。

管區警員好奇的問明安：「這些歹徒狡猾又細心，連你偷偷刻在牆上的字都被發現，他們一定會提高警覺，你怎麼有機會留下手機吊飾？」

「他們磨平牆上字跡時，我乘機取下手機吊飾，藏在手

心裡。上車前，歹徒沒收我的手機，把我關在後車廂，和偷來的菇類堆在一起。我趁他們不注意，把吊飾丟到車子底下，因為車子很快駛離，歹徒根本不知道我又留下線索。」

派出所所長摸摸他的頭，「小朋友，還好你機警，我們追查的速度才能這麼快。這兩名歹徒很凶惡，遲一點展開救援行動的話，恐怕就來不及了。以後別再任意脫隊，知道嗎？」

明安點點頭，再次道歉，也謝謝全體警察伯伯的辛勞。

大家對於磁鐵瞭若指掌，但你可知什麼是磁力線？

磁力線是假想的線，英國科學家法拉第為了解釋磁場

的大小和方向，而提出磁力線概念。

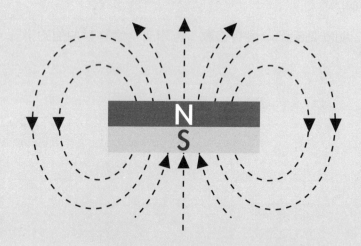

　　磁力線是封閉曲線，由磁鐵的N極射出，S極進入，絕不會有分叉或會合的現象，所以任兩條磁力線不會相交。因為是假想的線，當然看不見，但有些簡單實驗能讓它「現形」：在磁鐵上平放一張西卡紙，均勻撒上鐵粉，接著輕輕拍打紙張，鐵粉就會因受力而排列成許多細線——雖然這不是磁力線，但可幫助我們想像磁力線的模樣！

　　磁力線密度最大的地方，就表示磁場最強，那正是N和S兩極的位置。

　　故事中所指鐵皮受損的地方磁力線較密集，是因為受損處的磁力線比較不容易通過，等於是被迫通過損傷處下方的材料，因此受損地方附近的磁力線會較密集。

待價而鈷

　　星期天，明安一家人到美術館參觀，一樓正展出知名女畫家許盈雯的油畫。她花費一年時間到墨西哥寫生，由於畫風獨特，很多人搶著收藏，所以身價也水漲船高。

　　明安的美術老師指定學生參觀這次畫展，並且撰寫心得，因此他們全家人選定假日一起來欣賞。觀展民眾從美術館門口排到停車場，說不定有很多學生也是為了完成作業而來。

　　好不容易進入展場，明安看到繽紛油畫不禁發出讚歎：「哇！墨西哥的天空好藍，好漂亮喔！」

　　爸爸卻冷靜的分析起來，「最適合畫天空的顏料就是鈷藍，由氧化亞鈷和氧化鋁製成，鈷藍作為顏料已有一千多年歷史，例如中國宋代景德鎮的青白瓷，就以鈷藍為原料。它非常持久，不易褪色……」

　　媽媽忍不住拍了爸爸一下，「別殺風景，欣賞藝術時別

談化學好嗎？」

明雪和明安受不了老爸的枯燥化學課，轉頭看看四周後，發現有一位繫著紅頭巾、打扮亮麗的中年婦人，正為參觀民眾簽名。因為報上曾刊登許盈雯的照片，兩人馬上認出婦人就是畫家本人，立刻跑去找她簽名。

明安興奮的說：「阿姨，我好喜歡妳畫的天空喔！」

許盈雯笑著回答，「我專門用鈷藍畫天空，我非常喜歡這種顏色……」

明雪回頭望了爸爸一眼，爸爸得意的撇撇肩。

明安拿到簽名後，滿足的說：「我這次作業一定會拿高分！」

明雪搖搖頭，潑弟弟冷水，「光拿到畫家簽名沒有用，心得要言之有物。」

明安一聽，趕忙請教許盈雯創作時的心境，並且抄寫筆記。經過她的解說，每幅畫作彷彿都有了生命，大家覺得受益良多。當她提到使用顏料的心得，爸爸藉機解釋顏料的化學成分及性質，感興趣的許盈雯也專心聆聽。

　　這時，一位西裝筆挺的男士表明要買畫，明安一家人不好意思影響他們談生意，只好向畫家道別。因為談得相當投機，許盈雯留下一個地址，「這次畫展將於下星期五結束，你們下星期六可以來我畫室，看看其他作品。」

　　離開一樓展場後，明安仍意猶未盡，「我好喜歡許阿姨的畫作，真希望能擁有一幅！」

　　爸爸苦笑著說：「別開玩笑了，她的畫作都價值百萬，爸爸怎麼買得起？」

　　媽媽安慰他，「別氣餒，我們買本畫冊當紀念，不也等於擁有這些畫作嗎？」

　　到紀念品部買完畫冊後，明安直喊肚子餓，媽媽笑著搖頭，「我就知道，每次到美術館，最後參觀的地點肯定是地下一樓餐廳。走吧，愛吃鬼！」

　　雖說是餐廳，其實只是附有餐桌的便利商店，架上放了麵包、餅乾、三明治及餐盒，冰櫃裡則有飲料。一進入地下室，兩姊弟就到架上搜尋從小就愛吃的餅乾，爸媽則選了餐盒和咖啡。

　　吃了幾塊餅乾，明安從包裝餅乾的紙盒取出一個小塑膠袋，裡面裝著許多粉紅色珠子，「我一直搞不懂餅乾盒裡放這個做什麼，又不能吃！」

　　「這是會吸收水分的矽膠，可當作乾燥劑使用，餅乾才不會因潮溼而失去酥脆口感；況且環境潮溼容易滋生黴菌，放入乾燥劑還可延長保存期限。瞧，我這盒也放了矽膠。」明雪也從餅乾盒拿出乾燥劑。

　　「咦，為什麼妳的乾燥劑是藍色，我的卻是粉紅色呢？」

　　「為了知道這些矽膠是否吸飽水分，廠商會在矽膠中添加微量氯化亞鈷。氯化亞鈷是藍色的，但吸水後會變成粉紅色，這樣就能提醒廠商該更換新的乾燥劑。乾燥劑顏色不同表示我這盒較乾燥，一定比你那盒有點潮溼的餅乾好吃。」明雪故意逗弄弟弟。

　　「那我要吃妳的！」明安伸手就往姊姊的餅乾盒裡抓，明雪則快速閃躲。

　　一陣打鬧後，明安又問：「那我這包乾燥劑就沒用了

嗎？」

明雪好心為弟弟解答：「只要放到太陽底下曬乾，就會恢復藍色，可重複使用。」

吃飽飯後，一家人踏上歸途。始終惦記這件事的明安，回到家後就把粉紅色的乾燥劑放在窗臺邊曬太陽，約十分鐘後，乾燥劑就變成藍色，令他嘖嘖稱奇。

■　　　■　　　　■

明安的心得報告因為內容生動且資料豐富，果真得到高分。星期六，他興高采烈的用零用錢買了一份小禮物，準備送給許盈雯；因為爸媽臨時有事，姊弟倆決定自行前往拜訪。

兩人遠遠看見畫室門前停著一輛小貨車，上星期在畫展說要買畫的男子仍是一身筆挺西裝，正和一名工人合力把多幅油畫搬上車。

明雪轉頭對弟弟說：「看來生意談成了，阿姨會有一大筆收入。」

「這樣一來，她就能繼續到世界各地寫生了。」明安也

很高興。

　　西裝男回頭看到他們，臉色愀然一變，匆忙招呼工人上車，疾駛而去。明雪和明安兩人見畫室的門沒關，就走到庭院呼叫，但屋內沒人應答。

　　「奇怪，不是有人來取畫嗎？許阿姨呢？」明雪覺得事情有點詭異。

　　「管他的，我們直接進去吧！」說完，明安一溜煙就往屋裡衝。

　　明雪來不及阻止，就聽到明安大叫：「阿姨，妳怎麼了？」她急忙跑進屋裡，只見畫架翻倒在地，桌椅也東倒西歪，許盈雯身上穿著工作服，卻陷入昏迷。明雪立刻明白剛才那兩人是來搶劫的，立刻轉頭追出去，但已看不到小貨車的蹤影，她只好打手機報警。

　　明雪返回客廳時，許盈雯已清醒過來，氣若游絲的說：「他們假意要買畫，才喝完一杯咖啡，就突然動手搶畫，還打暈我……」

　　明雪連忙趨前安慰她，「阿姨，別擔心，我已經向警方

報案了，救護車應該馬上就來。」

許盈雯抬頭看看時鐘，喃喃自語，「奇怪，他們似乎對我藏畫的地方很熟悉，才能在短時間內犯案……」

這時，一名穿著黑色衣褲的婦人，略微慌張的趿著拖鞋走進門，「許小姐，妳怎麼了？」

許盈雯有點驚訝，「阿芳，妳今天不是請假嗎？怎麼又來了？」

「我本來要去逛街，剛好經過這裡，看到門沒關，就進來看看。」名叫阿芳的婦人邊回話，邊扶起許盈雯。

許盈雯對明雪姊弟解釋：「阿芳是我的傭人，住在附近，會定期來打掃畫室。」接著，她就向阿芳敘述畫室被搶的經過，但阿芳顯得有些心不在焉，直嚷著要趕緊整理一團亂的畫室。

明雪和明安見她有人照顧，就說：「阿姨，我們到外面等警察和救護車。」

兩人在門口等候時，明安拿出一些粉紅色顆粒把玩，明雪吃驚的問：「你還在玩乾燥劑？」

明安點點頭，「對呀！它會吸收我手裡的水氣，變成粉紅色，放在陽光下又曬成藍色，好好玩喔！」

明雪卻板起面孔教訓弟弟，「鈷是重金屬，雖然量少，毒性輕微，但你不應該撕開塑膠袋直接把玩。」

遠處響起警笛聲，明安不顧姊姊訓話，回頭就往屋裡衝，嘴裡還喊著「救護車來了」；不料他和阿芳撞個正著，阿芳手裡的抹布和小型噴霧器掉落地面，明安手上的乾燥劑也撒了一地。

明雪先是開口罵他「冒失鬼」，接著向阿芳道歉，並且幫忙收拾。手忙腳亂的同時，她卻隱隱覺得不對勁：掉落在不知名液體中的矽膠竟變成藍色，而畫室空氣中也彌漫著淡淡的刺鼻氣味……

這時，進入屋內的救護人員把許盈雯抬上擔架，準備帶走。負責偵辦的李雄警官問了她幾個問題，大致了解案情後，指派一名警員搭乘救護車，繼續詢問案情。

鑑識專家張倩則制止撿起抹布的阿芳，但阿芳堅持要清掃，「許小姐很愛乾淨，畫室被弄得這麼髒亂，我非得整理

一下。」

張倩提高音量制止她，「這是犯罪現場，要等警方採證完畢才能打掃，妳再不聽勸告，我就以破壞刑事現場的罪名逮捕妳！」

阿芳把抹布一丟，不高興的說：「不讓我打掃就算了，反正我今天休假，沒必要留在這裡。」說完，便扭頭就走。

明雪急忙附到李雄耳邊，「李叔叔，別讓她走了，我懷疑她和搶匪是一夥的。」

李雄雖半信半疑，但因為多次案件都靠明雪的細膩觀察而水落石出，所以仍指派一名便衣刑警跟蹤阿芳，「不要打草驚蛇，詳細記下她和什麼人接觸、去過什麼地方，有可疑之處隨時向我報告。」

刑警點點頭，馬上追了出去。

李雄不解的問：「根據許小姐的口供，阿芳比你們晚抵達現場，為什麼妳認為她和搶匪有關係？」

明雪拉著李雄蹲下來，「你看地上的小珠子呈現什麼顏色？」

「有的藍色，有的粉紅色。不過，這些到底是什麼東西啊？」

明安飛快回答：「這是含有氯化亞鈷的矽膠啦！乾燥時呈藍色，遇到水會呈粉紅……奇怪，這些珠子明明掉在水漬中，怎麼變成藍色的？」

明雪點點頭，「我剛才要撿拾這些矽膠時也覺得奇怪，後來發現這些液體不是水，而是酒精。酒精是溫和的脫水劑，會與水競奪鈷離子，所以溶於酒精中的氯化亞鈷呈現藍色——你們摸，這些液體涼涼的，仔細聞還有一股刺激氣味。」

李雄微微皺眉，「這裡為什麼會有酒精？」

「我剛才不小心撞到許阿姨的傭人阿芳，這些酒精是從噴霧器裡灑出來的。」明安據實以告。

明雪道出推論：「一般人看到桌椅或畫架東倒西歪，應該會先扶正，就算要擦拭也會先選擇清水，除非頑強汙漬才動用酒精。但阿芳為何不等傷者送醫便急著擦拭，而且第一時間就使用酒精？我本來想不通，但張阿姨要求她不要破壞

現場時，我就懂了——許阿姨擅長油畫，她的工作服上沾有許多油性顏料，歹徒與她拉扯又打翻畫架，肯定會不小心沾到顏料，而留下指紋或鞋印⋯⋯」

「所以阿芳今天請假又突然出現，是刻意安排的，對吧？這夥人本來打算趁許小姐陷入昏迷時，搬光所有畫作，而阿芳也有充裕時間消滅證據，沒想到妳和明安意外來訪，歹徒只好倉皇離開。原定善後的阿芳被他們及時叫來，想趕在警方抵達前用浸泡過酒精的抹布清除指紋，未料明安不小心撞到她，拖延了清掃時間，還被妳察覺矽膠變藍的反常現象，所以妳才懷疑阿芳。」張倩接續說明，明雪則頻頻稱是。

李雄點點頭，「許小姐剛才也提到歹徒似乎事先就知道畫作放在哪裡，我也懷疑是內神通外鬼。她還告訴我，歹徒上周在畫展會場以一萬元現金訂畫，約好今天取貨，所以她不疑有詐就開門了。不過，她不知道對方姓名，現在能否採集到指紋非常重要。」

明安擔心的問：「萬一歹徒戴手套，不就沒辦法追查

嗎？」

張倩拍拍他的頭，笑著說：「放心，我剛才不只採集到可疑的指紋，也發現許多鞋印。明雪猜得沒錯，這些指紋、鞋印都沾染到油畫顏料，所以很容易找到。」

明安鬆了一口氣，接著熱心提議，「對了，我和姊姊都看過歹徒的面貌，如果有口卡（注：由縣市警察局製作及保管的個人資料），我們就可以指認。」

這時，李雄的手機響起，便走到一旁接聽。不久，掛斷電話的他大聲宣布，「還有更好的消息！許小姐發揮畫家本領，在前往醫院途中，畫出一張歹徒素描。有了這麼多線索，不怕抓不到歹徒！」

　　　　■　　　　■　　　　■

第二天，明安一家人去醫院探望許盈雯，李雄正巧在那兒告知她破案的好消息，「我們由採集到的指紋，查出嫌犯名叫簡仁斌。這傢伙前科累累，專門搶劫藝術品，走私到國外以高價賣出。他事先買通阿芳蒐集情報，才能知道妳藏畫的地點。」

許盈雯搖頭歎息，「真是知人知面不知心啊！」

「幸好明雪提醒，我們才能及時跟蹤阿芳，發現她昨天下午離開畫室後，就和簡仁斌會合，索取酬勞。根據跟蹤員警回報的歹徒藏匿地點，昨晚大規模攻堅，將犯案三人統統逮捕，妳的畫作也全部追討回來了。」

許盈雯甚感欣慰，摸摸明雪和明安的頭，「謝謝兩位小偵探的協助，我決定從失而復得的畫作中，選一幅送給你們。明安，你最喜歡哪一幅？」

明安因為用心撰寫美術報告，對許盈雯的畫作瞭如指掌，馬上回答：「我最喜歡那幅《美麗的天空》！」

她立刻爽快應允，但爸媽覺得這份禮物太貴重，不敢接受。

許盈雯笑著搖頭，「這些畫差點落入歹徒手中，能全部找回來，算是奇蹟。再說，要不是這對小姊弟趕到，說不定連我都被歹徒滅口。懂得欣賞畫作就有資格擁有，請你們收下吧！」

由於許盈雯非常堅持，爸媽只好道謝接受。走出醫院

後，爸爸大開玩笑：「哇！我們家客廳快掛上一幅百萬名畫，我們要變有錢人了！」

怎知明安臭著臉，略帶不滿的說：「什麼有錢人？這幅畫是阿姨送我的，不准把它賣掉！」

爸爸一臉委屈，「我又沒說要賣，幹麼那麼凶？」

媽媽和明雪看見爸爸的表情，不禁哈哈大笑。

　　矽膠是最常見的乾燥劑，是矽酸鈉加酸後製成。因為這些顆粒本身就有多孔構造，所以吸附面積極大，可吸附許多物質，若作為乾燥劑，除溼力強、防潮性佳。若再添加氯化亞鈷作為指示劑，則可顯示是否已吸飽水分。

　　氧化鈣亦常用作食品、衣物或照相機乾燥劑，又稱為生石灰，呈白色或灰白色塊狀物。生石灰吸水後會變成氫氧化鈣，也就是所謂的熟石灰。雖然氧化鈣吸水能力比矽膠強大，但鹼性強，具腐蝕性，而且只要吸水變質後，就無法重複使用。

身 如 漂 萍

　　星期五的自然與生活科技課堂上，明安做了一個有趣實驗。

　　老師要求同學把生雞蛋放進一杯自來水中，待大家發現雞蛋會沉在水底，他便指示同學取出雞蛋，慢慢加入食鹽；每加一匙，就用筷子攪拌，直到全部溶解後，再加第二匙。加入五、六匙食鹽後，老師再次要求大家把雞蛋放入鹽水中，同學們驚訝的發現雞蛋不再沉入水底，而是浮在水面。

　　老師解釋：「生雞蛋的密度略大於1克／立方公分，所以會沉在水底。但添加食鹽後，水的密度增加，如果溶解的食鹽夠多，水的密度就比雞蛋大，所以雞蛋會浮在鹽水上。」

　　認真的明安舉手發問：「老師，如果我們在海裡游泳，是不是也比較容易浮起來？」

　　老師點點頭，「沒錯。舉例來說，以色列和約旦之間有

個死海——它其實並非海洋，而是內陸鹽水湖，只是因為鹽分太高，湖裡沒有任何動、植物能存活，所以被命名為死海。可是對人類來說，這是一片死不了的海，因為人體根本沉不下去！到死海度假的遊客，還可以優閒的躺在水面上。」

老師邊詳細說明，邊在螢幕上展示投影片：一名旅客頭戴草帽，躺在湛藍湖水上翻閱雜誌。

同學們不禁嘖嘖稱奇，老師則繼續補充，「船舶從河流駛入海洋時，吃水量減少，也就是船身會向上浮，這些現象都顯示鹽水密度比淡水大，所以物體在鹽水中比較容易浮起。」

　　　　■　　　　　■　　　　　■

放學後，明安和幾位同學一起走路回家，大家意猶未盡，熱烈討論實驗內容。忽然間，明安看見一道熟悉身影從便利商店走出來，興奮大喊：「魏大哥！」

原來對方是私家偵探魏柏，他面帶微笑，向明安點頭示意。

明安發覺他變黑了，好奇詢問：「魏大哥，你怎麼曬得那麼黑啊？」

魏柏笑著回應：「我最近迷上衝浪，放假就往海邊跑，所以曬得比較黑。」

「衝浪？好像很好玩耶！魏大哥，我可以跟去開開眼界嗎？」提到玩耍，明安就興致高昂。

「可以啊！我明天一大早出發，如果你的父母同意，我可以去接你。」魏柏一口答應他的要求，明安立刻向魏柏道別，快步踏上回家的路——他已經等不及要詢問爸媽的意見了。

一回到家，明安立即徵求父母的同意，爸爸聽到是和魏柏出遊，馬上點頭應允，明安便打電話和魏柏約時間。

魏柏的聲音從電話那頭傳來：「我們得早點出發，才不會被太陽曬昏頭……這樣好了，我早上六點到你家接你。」

雖然明安平常都會在假日睡懶覺，但為了到海邊玩，即使犧牲睡眠也在所不惜。

第二天，不等媽媽敲門，明安就自行起床了。他安靜的梳洗完畢，便到門外等候魏柏。六點一到，魏柏的車子準時出現，兩人就直奔海邊。

到達目的地後，魏柏把車子停在路邊，從後座取出衝浪設備。魏柏帶著明安做熱身運動，並教他如何在衝浪板上平衡身體。等他漸入佳境，魏柏拍拍他的肩，「你今天就在這裡練習，我先去衝浪。」語畢，就抱著衝浪板下水。

他先是趴在滑水板上撥水，接著藉由海浪的力量站起身來，迎向浪頭。明安非常羨慕魏柏的矯健身手，但也知道自己只有加緊努力，練習板上平衡，才可能像他那樣厲害。

幾分鐘後，魏柏十萬火急的趕回岸上，高聲喊道：「明安，快報警！有人漂浮在海面上，因為太遠了，我無法辨別他的生命狀態！」聞言，明安急忙跳下滑水板，拿出手機報案。

約莫十分鐘後，警方已趕到海邊，救難船也前往搜尋，可惜幾分鐘後傳來壞消息：漂浮在海上的，是一具女屍。救難船把屍體打撈上岸，警方也拉起封鎖線。

明安遠遠看到那名死者穿著碎花洋裝，心想：看來不是衝浪溺斃的。

許多遊客失去遊興，紛紛離去。魏柏則脫下溼淋淋的泳裝，穿上黃色套頭衫——是他發現屍體的，必須留下來做筆錄，暫時不能離開。

不久，警官李雄帶著鑑識專家張倩抵達現場。因為李雄承辦一起女性失蹤案件，懷疑這名死者就是他在找的人，所以前來確認。他看過大體後，皺眉向張倩解釋：「唉，果真是失蹤的女店員黃聖婷。她母親在前天深夜報案，說她星期四早上出門上班後就沒回家……沒想到今天終於找到她了，卻是一具冰冷的遺體。」

接著，李雄詢問魏柏發現屍體的經過，並指示員警製作筆錄，張倩則忙著蒐證。

因為兩人先前就認識，所以魏柏好奇反問：「既然前天深夜就報案，那你們應該做了一些調查吧？」

「嗯，沒錯。黃小姐現年二十七歲，在同一家店工作已經三年。她平日工作很勤快，星期四那天事先請了假——可

是，她並未告知母親沒去上班的事。其他店員透露，她的男友是遠洋漁船船員伍家慶，我們查到星期四那天，伍家慶正好準備出海捕魷魚，此趟航程預計要三個月。我猜，黃小姐是請假送男友出航，但因為兩人交往的事並未讓母親知道，所以沒告知她當天行蹤。」李雄大致說明案情。

魏柏點點頭，「這番推論還滿合理的。一般而言，溺斃的人差不多兩、三天就會浮起來，若往前推算……黃小姐可能在失蹤的第一天就發生不幸，如果真是這樣，伍家慶就涉有重嫌。或許他們在碼頭道別時起了爭執，伍家慶就把黃小姐推入海裡，然後登船遠走高飛。」

李雄面容一板，堅定的說：「如果人真的是他殺害的，即使跑到天涯海角，也難逃法網！」

這時，張倩剛好完成初步蒐證，便指示警員將屍體運回實驗室，以進行更詳細的檢驗。

明安好奇的問：「阿姨，為什麼溺斃的人在兩、三天後會浮起來？我聽同學說是死者顯靈……」

張倩立即否認，「當然不是。人過世後，器官會腐壞，

遭細菌分解即產生氣體；因為體積變大、整體密度變小，所以才往上浮升。」

李雄提出質疑，「如果是泡水兩、三天才浮起來，應該會全身腫脹，但黃小姐的面貌和她媽媽送來協尋的照片沒有太大不同，不是很奇怪嗎？」

眾人陷入苦思，不知如何解釋這個不合理的現象。忽然，明安雙手一拍，大喊：「我知道了！本來溺斃的人要兩、三天才會浮出水面，但這裡是海洋，密度較大，所以遺體尚未腫脹得很厲害就浮起來了。我們應該縮短黃小姐落水的時間，才不會弄錯調查方向。」

張倩深感贊同，「有道理！沒想到我們竟然陷入盲點。明安，你的推理功力變強囉！」

明安不好意思的搔搔頭，「昨天在課堂上剛好做了一個實驗，發現生雞蛋在淡水中會下沉、在鹽水中會浮起，才引發我的聯想。」

魏柏也道出自己的推論，「這麼說來，黃小姐生前可能掉落河川，恰巧漂流到這裡，遇到密度較大的海水，才浮出

水面。如此一來，伍家慶的嫌疑就大幅降低。」

張倩又補充了一句：「我剛才發現，黃小姐身上沒有明顯傷痕，但碎花洋裝有一道撕裂的缺口，可能是落水前勾破的。如果能找到衣服纖維遺留處，或許就可以確定案發現場。」隨後，她把證物帶回化驗，李雄則頻頻以電話與外界連繫。

待現場工作告一段落，魏柏要送明安回家，李雄走過來告知他們：「我透過船公司的幫忙，請他們用無線電幫我接上線，向目前人在漁船上的伍家慶問話。他堅持直到星期四傍晚上船為止，黃聖婷都安然無恙的和他在一起，船長也向我保證，當天因為發電機故障，他們比預計時間慢了一小時出航，而且他親眼看見黃聖婷站在碼頭邊揮手，所以伍家慶沒有犯案嫌疑。」

因為已過中午，魏柏先帶明安到附近麵攤吃午餐。這時，保險公司打電話給魏柏，要他調查這起案件——原來，黃聖婷是保險公司的客戶。魏柏感慨的說：「黃小姐漂浮在海上，我是第一發現者，現在公司又派我調查，我總覺得冥

冥之中，自己好像有責任協助警方釐清案情。」

上了車後，魏柏拿出地圖，仔細研究。明安不解的問：「魏大哥，你為什麼要研究地圖？」

魏柏頭也不抬的回答：「我想，黃小姐沒有告訴媽媽請假的事，加上漁船啟航的時間晚了一小時，心急如焚的她想必會以最快速度趕回家。所以，只要找出她回家的路線中，哪個地點離河流最近，應該就能找到案發現場。從碼頭到她家，最快的方法是先搭火車，再換公車……你看，從火車站走到公車站牌，要穿越一座公園，而公園旁就有一條河流──這條河的出海口，正是我們衝浪的地方。」

「太好了，我們快去調查！」明安興奮的說，未料魏柏搖搖頭，「我覺得，還是先送你回家。」

明安馬上使出「纏功」：「魏大哥，拜託嘛！今天是假日，回家也沒事做，就讓我參與調查工作啦！」

魏柏拗不過他，只好勉強答應，「好吧！報案電話是你打的，況且要不是你點出海水密度較大，我們也想不通案發時間的矛盾。不過，如果我判斷有危險，你要聽我的話，馬

上撤離喔！」

「沒問題！」明安聽到能參與調查，立刻爽快的答應。

抵達火車站後，兩人親自走一趟魏柏剛才模擬的路線。進入公園前，魏柏故意要明安去問路，明安走到公園門口，問一位賣香腸的小販：「阿伯，我要搭26路公車，怎麼走最方便？」

熱心的小販立即回應：「只要穿過公園，從另一邊的出口出去就到了。不過，你這麼小，又一個人，我建議你沿著公園外的圍牆走。這裡常有流氓調戲婦女或欺負小孩，尤其晚上更不安寧。」

魏柏這時才走過來，向小販道謝，「謝謝你的警告，不過，我們趕時間，還是走捷徑好了。」

小販見他們不聽勸阻，無奈的搖搖頭，「你們自己小心點。前天晚上我還聽到公園裡傳來女子尖叫的聲音，他們大概又在欺負夜歸婦女。」

魏柏和明安對看一眼，心裡都有了譜，快步走進公園。裡面果然很冷清，只有疏疏落落幾個人散布在角落，以充滿

敵意的眼光瞪著他們。明安嚇得躲到魏柏身後，魏柏則拿出
手機，將小販的說法告知李雄，「他提供的資訊很有用，你
要不要立刻來一趟？我們現在要到河邊，看看有沒有什麼線
索。」

來到河邊，魏柏蹲下身去，仔細查看岸上的欄杆，「你
瞧，上面有一條撕裂的碎花布條，花色正好和黃小姐穿的一
樣。」他正因發現重要線索而感到高興時，明安卻緊張的扯
住他的衣袖。

魏柏回頭一看，發現三個年輕人站在身後。帶頭的年輕
人穿著紅色套頭衫，凶狠的說：「你們不知道這是誰的地盤
嗎？」

魏柏發出冷笑，「哼，終於現身啦？前天晚上，你們是
不是也這樣欺負一位夜歸的小姐？」

紅衣老大略顯慌張，回頭吆喝兩名手下：「給我打！」

另外兩人一擁而上，但魏柏毫不畏懼，出手還擊。幾分
鐘後，兩人不支倒地，魏柏回頭想解決那名老大時，卻發現
明安被他抓住。

「快放開他！」魏柏著急怒吼，但對方緊抓明安不放，還強行辯駁：「你怎麼知道前天晚上的事？我們沒對她怎樣，只是想跟她開玩笑，誰知道她轉身就往河邊跑，我們追過去時，她已跨過欄杆、跳進河裡，游泳逃走了……」

魏柏聽他避重就輕的解釋，憤怒不已，「她被你們害死了！」

聽見自己闖下大禍，紅衣老大呆住了，明安立刻乘機掙脫他的控制。魏柏跨步上前，一拳將他擊倒，兩名手下見狀急忙想開溜，一道健壯身影卻擋在眼前──原來是李雄趕到了！他張開雙臂，一手一個，把兩名手下牢牢抓住，身後的兩名員警也將紅衣老大拎起來，戴上手銬。

氣喘吁吁的魏柏拍拍明安，「你沒事吧？我沒想到這群流氓這麼囂張，萬一讓你受傷，我可不好向你父母交代。」

明安搖搖頭，「沒事，我們替黃小姐報了仇，就算冒一點險也值得！」

語畢，這對忘年之交相視而笑，希望這個結果能聊慰黃小姐在天之靈。

　　海水密度則指單位體積的海水質量。簡言之，密度隨著海水鹽度和溫度產生變化。如文中所述，淡水的密度比海水的密度低。

　　同樣是海水，鹽度又與溫度有關——赤道地區的溫度較高、鹽度很低，所以表面海水的密度就很小，大約只有1.0230克／立方公分；但由赤道往兩極方向走，不但鹽度提高，而且水溫降低，所以海水密度可達1.0270克／立方公分以上。

酒不醉人

　　星期五早上，雨下不停，明雪和明安吃完早餐後站在窗邊，望著天空發愁，心想：「下雨天要拿著溼答答的傘擠公車，真不舒服。」

　　爸爸看出他們的心事，心軟的說：「我今天要到坪林開會，順便載你們去學校好了。」

　　姊弟倆一陣歡呼，馬上穿鞋出門。

　　下雨天本來就很容易塞車，但今天實在太誇張了，離校約1公里的某條街道被塞爆，完全動彈不得。眼看姊弟倆就快遲到，爸爸提議乾脆用走的比較快。

　　明雪和明安下車走了一段距離，終於發現大塞車的原因——某輛轎車竟開上安全島、撞倒行道樹，不但車頭全毀，還阻礙交通。明安看見在現場指揮的是李雄警官，就揮手打招呼：「李叔叔早！」

　　明雪也關心的問：「怎麼撞得這麼慘啊？」

李雄搖搖頭，「唉！又是酒後開車惹的禍。這名女駕駛被困在撞扁的車身裡，我們費了九牛二虎之力才把人救出來，但她渾身酒味，現在已送到醫院。她的傷勢很重，非常不樂觀；就算她被救活了，也要面對司法調查。」

因為兩人急著上學，李雄也忙於指揮肇事車輛的拖吊工作及疏導交通，所以三人匆匆道別。

明安一踏進校門，上課鐘聲剛好響起，他便趕緊跑進教室。下課後，歐麗拉走過來對他說：「告訴你喔，我媽媽已結束美國的工作，搬到臺灣來了。」

「哇，我真為妳高興！」明安開心回覆。麗拉的爸爸因為在臺投資生意，所以帶著她定居臺灣，歐媽媽則暫時留在美國。麗拉很想念媽媽，現在一家人終於團圓，難怪她會這麼高興。

麗拉接著說：「上次你和你姊姊協助我爸爸破案（請見《大家來破案 II》〈魔術墨水〉），他一直要邀請你們全家到他的大飯店用餐，你們卻婉拒了。今天早上爸爸又提起這件事，希望能敲定明天中午聚餐，順便讓媽媽認識你們，你

看怎麼樣？」

聽見有大餐可吃，明安的口水都快流出來了，「明天是假日，我想應該可以吧！但我得問一下他們有沒有空。」

經由手機確認大家都樂意赴約後，明安和麗拉就敲定這場午餐約會。

■　　　　■　　　　■

隔天早上天氣轉晴，大家都很開心。吃早餐時，爸爸提起昨天在車禍現場看見李雄，可惜他在執勤，兩人沒能聊上天。

媽媽笑著提議，「那我們去聚餐前，先到警局找他聊聊吧！」

姊弟倆舉雙手贊成，爸爸也欣然同意。

一行人到警局時，李雄正好從偵訊室走出來，身後跟著一名五十歲左右的男子，頭髮抹得油亮，臉上布滿皺紋，一副歷經風霜的模樣。李雄轉頭叮嚀他：「吳先生，夫人這起車禍疑點重重，警方需要深入調查，請您不要遠行。」

男子面無表情的說：「我太太還在住院，我得照顧她，

當然不會出國。」

送走男子後，李雄便邀他們到辦公室坐坐。

爸爸好奇的問：「剛才聽你提到車禍，跟昨天早上的事件有關嗎？當時我也堵在車陣裡，看見你忙著指揮交通，就沒叫你。」

李雄點點頭，「沒錯，他就是肇事者的丈夫。肇事者名叫詹筱瑩，是航空公司職員，目前仍在加護病房，尚未清醒。昨天在搶救過程中，我們就聞到她身上有酒味，後來醫生抽血檢驗，發現血液酒精濃度高達0.11％，換算成呼氣量，就是每公升含有0.55毫克酒精，已明顯觸法，得處一年以下有期徒刑、拘役或三萬元以下罰金。」

媽媽不禁搖頭，「喝這麼多酒還開車，多危險哪！如今把自己害慘了。」

李雄繼續說明：「的確很不應該，但急診室的醫生從詹小姐的病歷發現，她前幾天才因感冒引發肺炎，到同一家醫院求診，於是找來呼吸道科醫師會診。呼吸道科醫生說，他開了醫師證明給詹小姐，讓她休息三天，算起來，昨天

是銷假上班的第一天，而且他曾特別叮嚀詹小姐不可以喝酒⋯⋯」

「好奇怪喔，詹小姐為什麼不聽醫生的話？」心直口快的明安疑惑的問。

李雄不在意被打斷，接著補充：「沒錯，醫生也覺得奇怪，已經生病三天的人怎麼還喝這麼多酒？我之後到航空公司調查詹小姐是否有酒癮，結果出乎意料——公司同事都說詹小姐滴酒不沾，對於她酒醉駕車感到不可思議。」

「嗯，的確很奇怪！」明雪感興趣的問：「李叔叔，你是懷疑詹小姐的先生，所以才找他來問話嗎？」

「我們覺得這件案子可能不是單純的酒醉駕車，但目前毫無頭緒，所以沒有特定嫌犯，只是請他回想昨天詹小姐是否有異常情形，才讓她一反常態的酒後駕車。」李雄據實以報。

明雪立刻追問：「結果呢？」

李雄翻翻筆記，「嗯⋯⋯他叫作吳翔年，是同一家航空公司的機長，經常飛國際線，所以我才叮嚀他調查工作結束

前，暫時不要出國。根據他的說法，他前天晚上才從日本飛回臺灣，深夜抵達家門。昨天早上詹小姐出門時，他還在睡覺，直到警察通知太太出車禍，他才起床。」

眾人沉吟了一會兒，默然無語。爸爸無意間看見時鐘，連忙起身向李雄告辭，「我們還有個飯局，時間差不多了，改天再來找你聊聊。」

離開警局後，明安感慨的說：「警察好辛苦喔！我們都放假了，李叔叔還在工作。」

媽媽笑著回應：「那是因為他很負責任。要是他敷衍了事，把這件案子當成一般酒醉駕車的意外處理，就不用那麼辛苦了。」

兩姊弟點點頭，打從心底佩服李雄警官。

■　　　■　　　■

四人抵達歐爸爸經營的佳日大飯店時，麗拉一家人已在餐廳等候。歐媽媽留著一頭金色秀髮，瘦瘦高高，笑容可掬。仔細瞧，麗拉的五官和媽媽還真像！因為歐媽媽不太會說中文，大家就用簡單的英語交談。

　　待大家就座後，服務生便開始上菜。因為是老闆請客，所以菜色十分精緻，大家都吃得很盡興，最後主廚還到餐桌旁致意。

　　這時，歐爸爸提議：「今天是假日，客人比較多，我們把座位讓出來，到我的辦公室繼續聊。」於是，大家就移師辦公室，歐媽媽還很客氣的問大家要喝什麼。

　　爸媽想喝茶，明雪要咖啡，明安和麗拉則想喝果汁。歐媽媽詳細記下來後，便轉身笑問歐爸爸：「What's your poison？」

　　明雪嚇了一跳，心想：「poison不是毒藥嗎？」但她看歐媽媽仍然笑嘻嘻的，不像要謀殺人的樣子，就悄悄問麗拉：「妳媽媽怎麼問妳爸爸要喝什麼毒藥？」

　　麗拉忍不住笑了出來，「哈哈，不是啦！這句話是問別人『要喝什麼酒』，通常是朋友間開玩笑的用語。」

　　果然，歐爸爸點了一杯紅酒，明雪慶幸自己沒有大聲嚷嚷，否則就鬧笑話了。不過，把酒當毒藥雖然是玩笑話，倒也十分貼切——像歐爸爸這樣飯後來一杯，當然是快樂的

事，但如果像詹筱瑩那樣酒後駕車，不正像毒藥一樣要人命嗎？可是，為何平常不喝酒的她會突然酒後駕車呢？真是難以理解。

大人們邊喝邊聊，小朋友也有自己的話題。突然，明安皺著眉頭低喊：「檸檬汁好酸喔！」

麗拉笑著解釋：「這是我們家的習慣啦！媽媽特別交代服務生不要加糖，因為她說吃太多糖不但會蛀牙，還會發胖。」

基於禮貌，明安也不好意思再說什麼，只是默默放下果汁。見狀，麗拉神祕的說：「我媽媽有一種神祕果實，我讓你們瞧瞧它的功效！」

語畢，她就到歐爸爸桌上的水果盤拿了一顆紅色小漿果給明安，並且指示他：「你嚼一嚼。」

明安依言照做，卻吃不出什麼特殊味道。麗拉也沒多說，只是把檸檬原汁遞給他，「你再喝喝看。」

有點不情願的明安忍耐嘗了一口，就在這時，奇怪的事發生了──檸檬汁竟然變甜了！他驚呼出聲：「哇，好神

奇！這是什麼水果？」

「它叫作神祕果，原產於非洲，咀嚼果肉後再吃其他酸性物質，只會覺得甜。西非人利用神祕果讓不新鮮而變酸的玉米麵包，變得容易下嚥。」麗拉轉述從媽媽那兒聽來的故事。

「可是，變酸的玉米麵包還是不新鮮，會害人因此而生病……」明雪說到這裡突然靈光一閃，轉頭詢問：「爸，你聽過神祕果嗎？為什麼它能讓酸的食物變甜？」

爸爸詳細解釋：「那是因為裡面含有一種特殊的蛋白酶，叫作神祕果素。當我們咀嚼果實，神祕果素與味蕾結合，就會改變味覺，使得酸、苦味都變成甜味。」

聞言，媽媽開起玩笑：「有這麼好的東西？那我要多買一點！以後菜只要隨便煮一煮，加入神祕果，你們都會說好吃。」

明安和明雪露出「饒了我吧」的表情，爸爸反倒老神在在，「近來科學家利用基因改造，使得大腸桿菌及萵苣能大量生產神祕果素。不過，美國及歐盟都禁止廠商把它當作人

工甘味，只有日本列為食品添加劑。」

明雪點頭表示明瞭後，忽然向歐媽媽要了一杯紅酒。爸媽都驚訝的看著她，因為明雪雖然已年滿十八歲，但她通常只有過年過節才喝一點酒，從來沒見過她主動開口要喝酒。

明雪嘗了一口紅酒，嘴裡頓時充滿澀味。接著，她拿起神祕果咀嚼，再喝一口紅酒，澀味果然消失了，取而代之的是甜味。放下酒杯後，明雪向眾人宣布：「我懂了！平日滴酒不沾的詹小姐突然酒醉駕車，或許就是因為有人讓她在不知情的情況下，吃了神祕果或添加神祕果素的食物。一旦味覺被改變後再喝酒，詹小姐無法察覺有異，才會開車外出，造成重大車禍。」

見麗拉一家人露出茫然神色，爸爸便簡略說明整起案件。了解來龍去脈後，歐爸爸讚許的說：「嗯，果然是個厲害的小偵探！不過，以上情節純屬猜測，沒有證據。」

明雪聳聳肩，「我只是提供突破盲點的想法，蒐集證據的工作就交給警方吧！」

語畢，她馬上打電話給李雄叔叔，向他說明自己的想

法。掛斷電話後，兩家人又繼續說說笑笑，直到傍晚才離開。

■　　　■　　　■

星期天恰巧是媽媽的生日，明雪和明安決定按照食譜做個生日蛋糕，請媽媽品嘗。

時近中午，李雄和鑑識專家張倩聯袂來訪——原來，詹筱瑩的案子破了！感興趣的明雪馬上溜到客廳聽破案過程，獨留明安在廚房裡忙碌。

張倩先開口：「一般車禍意外不會進行刑案蒐證，但因為明雪提醒，我們才決定採集證據，結果在車上發現詹筱瑩的酒醉嘔吐物。其中含有酒精和神祕果素成分，和明雪的猜測相符。」

李雄接著補充：「我們趕到吳家找吳翔年，但他已不見蹤影，也沒有在醫院照顧太太。我們隨後緊急通知境管局，限制他出境，結果境管局回報吳翔年正好要搭機出國，已請機場警察將他攔阻下來。要不是明雪破解犯案手法，可能就讓他溜掉了。」

「他為什麼要殺害太太呢？」媽媽不解的問。

李雄歎了一口氣：「唉，因為他常飛日本線，在日本結交一名女友，所以想詐領太太的保險金，和女友遠走高飛。神祕果素就是他這次回國時，從日本帶回來的。」

「所以是預謀殺人囉？」明雪不敢置信。

「嗯，他知道太太每天早上都會喝牛奶，就偷偷加入神祕果素。等她味覺改變後，再騙她說感冒剛好，要多喝富含維他命的葡萄汁——其實，那杯正是紅酒。詹小姐因為味覺有異，無法判定是酒還是果汁，所以才會不勝酒力，發生車禍。更可惡的是，因為他沒有如願害死太太，所以就趁她還在加護病房之際，偷取她的珠寶，打算到日本和女友會合，不再回臺。」李雄忿忿不平的說明案情。

「找到他犯案的證據了嗎？」明雪擔心這種壞人逃過法律制裁，急急追問。

李雄點點頭，「嗯，我們在他家搜出神祕果素，也查到他在日本購買神祕果素的刷卡紀錄。眼看計謀被拆穿，他什麼都招了；何況，詹小姐也已脫離險境，等她清醒，自然會

說出是誰騙她喝酒。」

　　這時，明安端著剛出爐的蛋糕走出廚房，興奮的說：「李叔叔，這是我做的蛋糕，請你吃一塊！」

　　李雄看著烤焦的蛋糕，苦著臉對張倩說：「妳有帶昨天搜到的神祕果素嗎？」

　　眾人聽出他話中有話，不禁哄堂大笑。

　　飲用酒精性飲料後，20％會由胃吸收，剩下的則由小腸與大腸吸收，數分鐘後即分布在血液中。經由肝臟催化代謝，大約95％的酒精會先變成乙醛，再氧化成醋酸，最後形成二氧化碳和水；其餘的5％則由糞便、尿液、呼氣、皮膚汗液與唾液排出。因此，臺灣是以呼氣酒精濃度（BrAC）換算血液的酒精濃度（BAC）來檢測。

錬金夢

　　終於放寒假了！經過一學期的緊張生活，明雪和明安終於可以鬆一口氣。

　　這學期中，兩人都曾因為班上有同學感染H1N1而停課五天，所以直到期末考前的最後一個假日，才把課補完。

　　在結束考試壓力與長期未放假的折磨後，兩人都迫不及待想去度假，但爸媽沒空帶他們出去玩，因此姊弟倆打算自己去度假。只是，去哪裡好呢？

　　「到鶯歌的姑婆家住幾天好了，不但可以每天爬山，還能參觀陶瓷博物館，而且，姑婆煮的菜超好吃！」明安想到不花錢又能開心度假的好去處。

　　「那是姑婆自己種的菜，不灑農藥，現摘現炒，當然好吃。」明雪非常贊成這個提議，因為爸媽一定不放心他倆外宿，如果是到姑婆家，肯定沒問題。

　　果然，爸媽欣然同意，卻不忘叮嚀他們：「在姑婆家不

可以賴床，要多運動，寒假作業也要按時寫。」

「好啦，沒問題！」為了能夠成行，姊弟倆當然一口答應。

■　　　　■　　　　■

姑婆家在鶯歌石下方，雖然門前是馬路，門後卻有個小庭院可以種菜。小庭院後方就是登山步道，只要走過一小段陡峭階梯，就能抵達知名的鶯歌石。這塊巨石因為由某個角度看去很像鶯歌鳥，所以被稱為鶯歌石，小鎮名稱也由此而來。

登山步道四通八達，連接好幾座廟宇，登山口還有一間孫臏廟。總之，小鎮籠罩在濃濃的宗教和文化氣息中。

姑婆很歡迎兩姊弟的到來，因為她的兒子在外地工作，只剩她老人家獨居於小鎮上。雖然兒子每個月都會寄生活費，可是姑婆仍堅持自己種菜、賣菜，即使菜園小、獲利不多，但她只求能勞動健身就好。

屋子裡多了兩個小孩，頓時熱鬧起來。當天晚上，姑婆還到後院摘取新鮮蔬菜，炒了幾樣拿手好菜，讓他們大快朵

頤。

　　隔天清晨六點，姊弟倆還在睡夢中，就被姑婆叫醒。「明安、明雪，起床囉！我們到山上走走。」

　　明安睡眼惺忪的看了一下手錶，哀號出聲：「什麼？才六點多就要去爬山？會不會太早了？」

　　姑婆笑嘻嘻的回應：「不早囉！我五點就起床，已經忙完菜園裡的工作了。現在到山上走走正好，我等一下還要到市場賣菜呢！」

■　　　　　■　　　　　■

　　冬晨的天色有些迷濛，但登山步道上已有許多早起健身的人。前往鶯歌石的步道很短，但明雪和明安在期末考前埋首苦讀，缺乏運動，體力大不如從前，走得氣喘吁吁；七十多歲的姑婆反而健步如飛，不斷回頭催促他們走快一點。

　　這時，兩名老人迎面走來。前面那位髮鬚全白，罩著一件藍色長袍，仙風道骨；後面那位雙手合十，非常虔誠。

　　明雪和明安認出後面那位是姑婆的隔壁鄰居阿根伯，便禮貌的打招呼：「阿根伯早！」

　　阿根伯也是個獨居老人，很喜歡明雪和明安，總是拉著他們問長問短，這次卻一反常態，只抬頭看了一眼，就跟著藍袍老人下山。

　　明安不解的問：「阿根伯怎麼不理我們？」

　　姑婆搖搖頭，「我也不知道怎麼回事。自從三天前那個白鬍子道士到他家後，阿根就變得很奇怪，每天清晨都跟著道士到山上作法，然後關在家裡裝神弄鬼。算起來，他已經三天不說話了。」

　　明雪和明安知道原委後，默默的跟著姑婆前進。好不容易走到鶯歌石，三人往山下眺望，正好看見小鎮在晨曦中甦醒，不禁心曠神怡。

　　待了好一會兒，姊弟倆步下階梯，心想總算撐完晨間運動，就往姑婆家走。沒想到姑婆卻制止他們，說什麼要到廟裡拜拜。

　　參拜完各座廟宇，明雪和明安已累得兩腳直發抖，差點走不動。回程經過阿根伯家後院時，一股嗆鼻味迎面而來，由於步道地勢較高，姊弟倆便探頭往院子裡望，只見藍袍老

人正拿著杓子在陶鍋中攪動，臭味就是從那裡飄散出來；阿根伯則跪在一旁，雙手合十，似乎在默念經文。

回到家中，姑婆交代兩人稀飯在爐子上後，就挑著清晨摘取的青菜，到市場去了。明雪和明安吃過早餐，決定到陶瓷老街逛逛。

今天不是假日，街上有點冷清，兩人就隨意閒逛。忽然，他們看見阿根伯懷裡揣著白色帆布袋，低著頭，行色匆匆。基於禮貌，明雪和明安還是恭敬的鞠躬問好，阿根伯雖停下腳步，卻沒有說話。

姊弟倆只好又喊了一聲：「阿根伯好！」

阿根伯為難的東張西望，確定周遭沒人在看他後，小心翼翼的從口袋掏出兩枚銀白色錢幣，遞給明雪和明安。他壓低嗓門，神祕兮兮的說：「這兩枚銀幣送你們，暫時不要告訴別人！阿根伯偷偷告訴你們，我快發大財了，以後再給你們更多錢；到時候別說是銀幣，連金幣都沒問題！」語畢，他就匆匆忙忙的走了。

明安把玩著銀幣，興奮大喊：「哇，銀幣亮晶晶的，好

漂亮喔！」

明雪則不斷翻轉銀幣，陷入沉思。片刻後，她突然拔腿就跑，邊跑邊回頭說明：「明安，我們快回姑婆家，我要做一個實驗！」

明安的腳還有點痠，不禁抱怨：「幹麼那麼急？慢慢走回去就好了嘛！」

「現在沒時間解釋，我怕來不及！」明雪不願放慢腳步，明安也只得朝著姑婆家狂奔。

一進屋裡，明雪就找來鑷子夾住銀幣，然後命令弟弟：「幫我打開瓦斯爐。」

接著，她將銀幣放入火焰中，明安見狀，吃驚的說：「姊，銀幣這麼珍貴，妳幹麼把它燒掉？」

明雪無暇回答，再度提出要求：「你快到窗口監視阿根伯家有什麼人進出！」

明安雖然有些不服氣，但也清楚姊姊的推理功力和科學知識比他強太多了，所以只得乖乖照做。不一會兒，他看見阿根伯抱著帆布袋，匆匆回家——看來，姊姊剛才跑得那麼

快，就是想趕在阿根伯回來前抵達姑婆家。可是，阿根伯到底出了什麼事情呢？

這時，明安聽到明雪關上瓦斯爐的聲音，接著還撥打電話，輕聲交談。掛上電話後，她走到明安身邊，小聲詢問：「有誰進出阿根伯家？」

「只有阿根伯進入屋裡而已。姊，到底怎麼回事？」明安按捺不住好奇心，急急的問。

就在此時，藍袍老人步出阿根伯家，明雪暗叫一聲「糟糕」，馬上衝出姑婆家，明安也跟了上去。

明雪雙手大張，攔住藍袍老人的去路，「老先生，請留步。」

藍袍老人又驚又怒，作勢要打明雪，「小妹妹，妳憑什麼擋住貧道的去路？再不讓開，貧道可就不客氣了！」

明安雖然不懂姊姊為何要這麼做，但還是本能的站到明雪前面保護她。

明雪指著老人懷裡的白色帆布袋，說：「我猜，這包東西是阿根伯的錢。只要你還給他，我就放你走。」

「胡鬧！這是他拜託貧道收下的！不信的話，妳自己問他。」藍袍老人往後一指，指向站在自家門口的阿根伯。

阿根伯急忙澄清：「明雪，你們別管這件事。我說過了，等我發財，會分給你們的。」

藍袍老人一聽，勃然大怒，「原來你告訴他們了，難怪他們會來搗蛋！我不是警告過你嗎？這件事若讓其他人知道就不靈了。」

阿根伯汗如雨下的急忙解釋：「我、我真的什麼都沒有說，只說……等我發財，會分錢給他們。」

「阿根伯確實什麼都沒說，是我猜出來的，畢竟你這點小把戲還瞞不過我！阿根伯，這人是騙徒！」明雪正氣凜然的說。

阿根伯似乎十分敬畏藍袍老人，連忙駁斥：「明雪，妳別亂說話！這位道長修得一種高超法術……」

「能把銅幣變銀幣，對不對？」明雪插嘴道。

聞言，明安掏出阿根伯給他的銀幣仔細觀看，心想：「這枚銀幣真的是由銅幣變的嗎？」

　　阿根伯吃驚的說：「我又沒講，妳怎麼知道？何況不只如此，他還能把……」

　　「把銀幣變金幣，就像這樣，對不對？」明雪晃晃手上黃澄澄的金幣。

　　阿根伯更摸不著頭緒了，「這不是我送妳的銀幣嗎？妳年紀這麼小，也懂得高深法術喔？」

　　明雪笑著回應：「對呀，這門法術叫『化學』，但是，我不會用來騙人。」

　　這時，沉默已久的藍袍老人突然抓著帆布袋，迅速閃過明雪，鑽進對面的巷子。明雪和明安趕緊追過去，卻見巷子的另一頭走出兩名警察，他們二話不說，立刻架回藍袍老人。

　　「小姐，妳報案時指稱的騙徒就是他嗎？白髮白鬍鬚，又穿著藍色長袍——我想，應該錯不了。」一名員警沉聲詢問明雪。

　　明雪點頭稱是，阿根伯卻被弄糊塗了，不斷追問到底怎麼回事。

明雪好心說明：「阿根伯，銅幣就是銅幣，不會變銀幣啦！早上我們向你打招呼，你都不回答，我就覺得很奇怪……」

「歹勢啦！他說施行法術前，絕不能透露細節，所以我都不敢跟別人說話。」阿根伯不好意思的搔搔頭。

明雪無奈的歎了口氣，「你被騙了啦！他怕別人拆穿他的把戲，所以禁止你洩露祕密。我們下山時正巧經過你家後院，聞到一股嗆鼻味道，又看見他在攪動陶鍋，我就猜想他在進行某種化學實驗……」

「不是啦，他是在施法！他先在鍋中放水，連同兩種藥材一起熬煮，等到快滾的時候，再丟幾枚銅幣進去。大約幾分鐘，銅幣就變銀幣了！」阿根伯竊竊私語，深怕這個天大的致富方法洩露出去。

明雪知道阿根伯還是不相信自己被騙，就一一拆穿騙術，「那些藥材中，有強鹼性的氫氧化鈉和鋅粉。鋅是兩性金屬，與強鹼反應後會產生氫氣與鋅酸鈉；而氫氣帶動雜質上來，所以有嗆鼻氣味。」

「妳在說什麼？我都聽不懂。」阿根伯被化學名詞搞得頭昏腦脹。

明雪也不想費口舌解釋，只說：「總之，銅幣變銀幣是騙術，只是鋅鍍在銅幣上後呈銀白色，讓人誤以為是銀幣。我們在陶瓷老街相遇時，你給我們兩枚銀幣，又說快要發大財，我才推測你可能被騙了，而且帆布袋裝的肯定是錢。如果你還是不相信，我可以實驗給你看。」

語畢，她接過明安手中的銀色錢幣，把眾人帶進姑婆的廚房——當然，兩名警察也把藍袍老人押進屋裡。

明雪再度點燃爐火，用鑷子夾住銀色錢幣放在火焰中，並不時移動，使得錢幣表面均勻受熱。不到一分鐘，銀白色錢幣變成金黃色，明雪便把錢幣丟入水杯中冷卻，再取出交給阿根伯，「阿伯，這就是你要的金幣。」

阿根伯把玩著金幣，內心五味雜陳，「這個可惡的騙徒竟然跟我說，他需要更貴的藥材施行銀幣變金幣的法術，所以我才把銀行裡的存款全部提出來。原來只要用火烤，銀幣就會變金幣，那我要回家自己燒製金幣了……」

聞言，明雪趕緊拉住他的手，把金幣拿回來，「阿伯，你別急著走，我再表演另一個法術給你看。」

她再度把金幣放到火焰裡烤，接著取出冷卻，沒想到，金幣又變回銅幣了！

阿根伯急得直跳腳，「妳這孩子怎麼這麼笨？把值錢的金幣變成不值錢的銅幣，這種法術誰要學？」

明雪笑著解釋：「阿伯，從頭到尾都沒有金幣。剛才鍍鋅的銅幣被火一燒，鋅與表面的銅混合，形成金黃色的黃銅，讓你誤以為是金幣。如果繼續用火燒，鋅與內部的銅會再度混合，因為銅的比例提高，錢幣便恢復為原來的顏色──這一切都是騙術。」

至此，阿根伯終於相信自己被騙了，氣憤難平的指責藍袍老人沒良心。

待阿根伯的情緒稍微平復，警察叮嚀他別再輕易上當，就將戴上手銬的騙徒押走。

阿根伯非常感激兩姊弟，不好意思的說：「感謝你們救回我的老本，我要怎麼酬謝你們呢？」

明安玩心大起，「阿伯，你把手上那堆銀白色錢幣送給我，好不好？」

「反正是假的，就送給你玩吧！」阿根伯把所有假銀幣交給明安後，便回家了。

明安興匆匆的向姊姊請教加熱錢幣的方法，把一枚枚銀白錢幣燒成金黃色。當他玩得正開心，姑婆略帶怒氣的聲音在他背後響起：「明安，誰教你玩火的？」

明安嚇了一跳，回頭看見姑婆板著面孔，就急忙奉上黃澄澄的金色錢幣，「姑婆，我正在燒製金幣，要送給您老人家！」

姑婆噗哧一聲笑了出來，「小鬼，你連姑婆也想騙？我剛才在門外碰到阿根，他把你們兩人揭穿騙子的經過，全告訴我了。你們真不簡單，姑婆中午炒幾盤拿手好菜犒賞你們！」

明雪和明安高聲歡呼，直說這趟度假真是來對地方了！

科學 小百科

　　擁有一身鍊金術的好本領,是許多人終其一生追尋的理想,想必也是大家夢寐以求的技法。文中,明雪破解了銅幣變金幣的假象,如果大家有興趣,可用一元硬幣做實驗——但是要記得,必須在師長監督或安全無虞的情況下,才能進行喔!

　　首先,氫氧化鈉水溶液(NaOH)和鋅粉(Zn)加熱反應後,會產生氫氣(H_2),反應式如下:

　　$NaOH + Zn \rightarrow Na_2ZnO_2 + H_2$

　　因反應過程中會產生可燃性的氫氣,所以最好不要用火加熱,可改用電磁爐加熱,或直接以鋅粉與硫酸鋅水溶液混合加熱,就不會產生氫氣。

　　在溶液即將沸騰時,把乾淨的銅幣投入,其表面就會鍍上一層鋅。此時,鋅含量45％以上的鋅銅合金讓錢幣

呈銀白色，宛如銀幣一樣。若再把「銀幣」拿去火烤，表面的鋅和銅會再度混合，形成黃銅（鋅銅合金）。

由於會呈現黃澄澄的金色，很容易讓人誤認自己有「點銅成金」的法術喔！

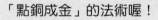

雨後春筍

　　這個年假又溼又冷，讓明雪和明安只能窩在家裡。好不容易盼到天氣放晴，開學的腳步也接近了，兩人不禁抱怨：「這個年假真不好玩！之前回竹山阿公家，遇上高速公路大塞車；費盡千辛萬苦抵達竹山後，當地卻都溼漉漉的，害我們根本沒玩到……」

　　媽媽也深有同感，「對呀，雨下個不停，窗外也灰濛濛一片，沒能欣賞到竹山美景。」

　　爸爸笑著說：「這還不簡單？春天到了，天氣也放晴了，我們找個連續假期，再回竹山老家一趟吧！阿公身體大不如前，多回去看看他老人家也是應該的。」

　　聽到這個提議，大家都舉雙手贊成，「那就利用下星期周休二日的時間，再回竹山一趟囉！」

　　■　　　　■　　　　■

　　出發當天，晴空萬里，大家開心的想著：「非把年假損

失的歡樂補回來不可！」下了竹山交流道，又開了一段山路，他們才抵達阿公家。

爸爸把車停在竹籬笆邊，感慨的說：「鄉下就是有這個好處，可以把車子放在自家門口，不像在臺北，我每天光是為了找停車位，就得花費好多時間。」

阿公聽到汽車的引擎聲，走出庭院來迎接他們。因為時近中午，大家決定先享用阿嬤煮的番薯大餐，爸爸還開心回憶吃番薯長大的過往。

吃完飯後，爸爸開口詢問：「你們想不想到後山竹林走走？」

大家異口同聲贊成，興致勃勃的準備出發，阿公也說要陪他們一起去。他和阿嬤拿起竹枴杖步出門外，接著鎖上大門。

爸爸疑惑的問：「我們只是到後山走走，為什麼要鎖門？我記得以前門從來不鎖的。」

阿嬤搖搖頭，「以前是以前，現在是現在。最近治安變得很差，這兩個星期，附近有好多人家都遭小偷。」

「那家裡有被偷走什麼嗎？」爸爸緊張的說。

「我被偷走一件外套，阿慧嬸被偷走一條棉被……」阿公細細數算著。

阿嬤也補充說道：「家裡是沒什麼貴重東西啦，但有時候煮好的飯菜會被偷吃。」

「難道是小偷肚子餓了？」明安半開玩笑的說。

阿嬤氣憤難平，「有餓到這種地步嗎？那個小偷連垃圾桶都翻得亂七八糟呢！」

大家邊走邊聊，經過菜園時，看到阿舜伯正揮動鋤頭，努力工作。

爸爸趨前打招呼：「阿舜伯，日頭這麼大，你怎麼不戴斗笠？」

阿舜伯歎了一口氣：「唉！還不是被那個賊仔偷走了。」

「連斗笠也偷？是不是您忘了斗笠放在哪裡啊？」爸爸好奇的問。

「這怎麼可能？昨天下午下了一場雨，我戴著斗笠來種

菜，回到家後，還把斗笠掛在牆上晾乾，可是今天早上要出門前，就找不到斗笠了。斗笠雖然不是什麼值錢的東西，但弄丟了也很不方便，還要到鎮上買一頂……唉，若不趕快把這個賊仔抓起來，我們就無法安寧！」阿舜伯忿忿不平的抱怨。

媽媽在一旁幫忙出主意：「阿舜伯，您有到派出所報案嗎？」

「沒有，因為被偷的是小東西，我只好自認倒楣。」阿舜伯揮揮手。

明雪和明安很有默契的對看一眼，明雪悄聲說道：「這種小案子交給我們就行了，反正度假兼辦案是我們一貫的模式。」

「嗯，但我們先默默蒐集線索，別讓大人知道，到時候再將小偷一舉成擒，讓阿公和阿嬤知道我們的厲害！」明安頑皮的說，明雪也表示贊同。

一行人告別阿舜伯後，又走了一段山路，才抵達阿公的竹林。陣陣涼風吹來，爸爸深吸一口氣，懷念的說：「就是

這個味道！記得我小時候，你阿公忙著挖竹筍、阿嬤忙著編竹籃，每段記憶都和竹子有關，真是美好！」

眼尖的明安突然發現嫩綠鮮竹的頂端，高掛著一頂斗笠，因此興奮大喊：「大家看，那裡有一頂斗笠耶！」

阿公覺得斗笠有點眼熟，猜測可能是老鄰居的，於是吩咐爸爸：「義志，你把它拿下來。」

因為斗笠掛在很高的地方，所以爸爸必須跳起來才能取下斗笠。阿公接過斗笠反覆端詳後，喃喃自語：「應該是阿舜的沒錯，但怎麼會出現在這裡呢？」

爸爸仔細推敲，「大概是小偷拿走斗笠後，走到這裡發現雨停了，就順手把斗笠掛在竹子上。」

明安把姊姊拉到一旁，小聲的說：「太好了，線索顯示，小偷是個高個子。」

「你怎麼知道？」明雪反問。

「連爸爸都要跳起來才能拿到斗笠，可見小偷一定很高。」明安語帶肯定。

明雪點點頭，覺得弟弟說的話不無道理。

回程經過菜園時，阿舜伯證實那頂正是他的斗笠。聽完阿公說明發現斗笠的過程，他不禁破口大罵：「這個賊仔真可惡！他也不是那麼需要這些東西，還硬要偷拿，幾天後又把它們丟掉！」

阿公跟著附和：「對呀，像我被偷的那件外套，就是在山溝邊找到，可惜已經弄髒了，只好忍痛丟掉。」

待他們走進庭院，阿嬤立刻發現垃圾桶又被翻得亂七八糟，「可惡！這個賊仔要到什麼時候才肯罷休？」

待大人進屋之後，明雪和明安蹲在庭院裡，仔細觀察垃圾桶的四周。他們發現有些食物殘渣被翻出來，而且從一路灑落的碎屑及水痕，可看出小偷是鑽過籬笆的破洞後潛逃。

「太不可思議了，個子這麼高的人竟能穿過籬笆的破洞！這個小偷到底有多瘦啊？」明安驚訝的說。

這時，阿嬤拿著掃把準備清理碎屑，看見兩人蹲在庭院竊竊私語，便把他們趕進屋裡。

踏入客廳後，明雪鼓起勇氣問阿公：「阿公，您知道附近有個子很高又很瘦的人嗎？」

阿公困惑的問：「多高？多瘦？」

「個子比爸爸高，腰只有這麼細。」明安用手比出籬笆破洞的大小。

阿公忍不住笑了出來，「哈哈！怎麼可能？腰如果真的這麼細，豈不是斷掉了？」

從剛才開始，這對姊弟的行跡就有點鬼祟，因此引起媽媽懷疑，「你們到底想做什麼？直接說出來，阿公才能幫你們呀！」

明雪這才說出兩人的意圖，「我們想幫忙抓小偷啦！從庭院裡散落的垃圾來看，小偷翻出廚餘後是鑽過竹籬笆的破洞離開，可見他的腰非常細。另外，阿舜伯的斗笠被掛在竹子頂端，爸爸要用跳的才拿得到，可見小偷非常高……」

阿公忍不住打斷她，「不對啦，那是剛長出來的嫩竹，加上昨天下過雨，只要一天就會長很高。所以小偷掛斗笠時，竹子沒那麼高啦！」

明安吃驚的問：「才一天而已，會差那麼多嗎？」

爸爸笑著點頭，「我以前曾測量過喔！下雨之後，竹子

可以在一天之內，長高一公尺以上。」

「對呀，你們沒聽過『雨後春筍』這句成語嗎？」媽媽跟著附和。

掃完地的阿嬤也加入行列，「這兩個小孩是『都市俗』，怎會知道竹子長得有多快？」

兩名小偵探遭受空前挫折，訕訕的走出門外。明安懊惱的說：「好糗喔！本來想在阿公、阿嬤面前表現一下，沒想到這麼丟臉……」

明雪拍拍他的肩膀，「沒關係，我們要更加努力，抓到這名小偷！」

沉思片刻後，明雪再度開口：「我覺得應該仔細想想，為什麼小偷要丟掉贓物？」

「嗯……顯然他偷東西不是為了變賣，而是臨時需要；等到不會再用到時，當然就丟掉了。因為天氣暖和，所以丟掉外套；因為雨停了，所以丟掉斗笠。」明安說出自己的推論。

「那他需要什麼？既然偷了飯菜、外套和棉被，就表示

他又餓又冷。」明雪也根據小偷的舉動做出推測。

兩人循著這個模式推理，為小偷列出許多特點，最後，明雪歸納出結論：「他是個沒有家的人，沒得吃、沒得穿，因此必須用偷的，加上最近這兩個星期才發生竊案，所以小偷可能是外地來的人，這段時間就躲藏在附近。」

討論告一段落後，姊弟倆硬著頭皮走進屋裡，問阿公在哪裡找到那件失竊的外套。

「你們還不放棄啊？」雖然阿公覺得兩個小孩扮起偵探有點好笑，但還是畫了一張附近山路的簡圖，「喏，就在這個地方。」

接著，兩人又問到最近遭竊的鄰居，並請阿公標出他們的住家位置，以及被偷的東西最後在哪裡出現。姊弟倆發現，所有相關地點都在剛才走過的那條山路附近。

明安示意姊姊附耳過去，「我想，小偷一定藏匿在竹林附近。」

明雪也贊同這個推論，於是說要再出去走走。爸媽知道兩人肯定是出門找線索，也未加阻止，只是溫言提醒，「天

黑前一定要回來，找到線索必須先報警，別跟壞人正面衝突。」

老人家不放心兩個小孩自己上山，媽媽笑著安撫，「沒關係，他們在臺北常協助警方辦案，經驗很豐富。」

聞言，阿公和阿嬤才不再有任何異議。

◼　　　◼　　　◼

姊弟倆沿著山路往上走，並且觀察哪裡是藏匿的好地點，結果發現遠處山腰有一間小竹棚。經過阿舜伯的菜園時，兩人開口詢問竹棚的用途。

「喔，以前有人在山腰附近種菜，農具和肥料就放在竹棚裡。現在年輕人都出外找工作，老年人又無力務農，所以那間棚子已經荒廢好幾年囉！」阿舜伯愈說愈感慨。

明雪和明安互看一眼，覺得那兒就是小偷的藏匿地點。告別阿舜伯後，他們繼續往山裡走，不久，就來到竹棚外。明雪示意明安放輕腳步，接著慢慢靠近，果然看見棚子外面有食物殘渣和一條棉被。

「這該不會是阿慧嬸被偷的棉被吧？」明安小聲的問。

明雪把手指放到嘴邊，用嘴形示意：「噓！裡面好像有人。」

明安探頭往裡面看，果然有個渾身髒兮兮的少年躺在地上。他鬆了一口氣，告訴身後的明雪：「他不是什麼壞人啦，只是個小孩。」

明雪提醒弟弟，「不可以輕舉妄動，我們答應過爸媽，要先報警。」

兩人躲進草叢裡，用手機聯絡警方。約莫二十分鐘後，兩名員警氣喘吁吁的從山下趕來，姊弟倆往棚子裡一指，「小偷在那裡。」

少年在睡夢中被警察叫醒，嚇得渾身發抖，他不但散發一股臭味，身上也有多處傷痕。警方盤問他的姓名和住址，他只好據實以告：「我叫林煌豪，住在鹿谷鄉……」

一位員警驚呼出聲，「喔，原來是你！你的父母通報你失蹤已經兩個星期了，原來是跑到我們這裡躲著，難怪鹿谷鄉的同事都找不到。」

林煌豪掙扎著想脫逃，還驚慌的說：「我不要回家、我

不要回家，我、我爸爸會打我！」

另一位員警趕緊抓住他，並且試圖安撫，「你放心，我們會介入調查；如果真的有家暴事件，我們會交由社工人員安置，不再讓你受到傷害。先告訴我，你一個人在山上怎麼度過這兩個星期？」

一會兒之後，林煌豪才怯怯的說：「因為白天怕人發現，我就躲在這個棚子裡睡覺，晚上才去偷點東西吃，還有棉被和衣服……」

那位員警歎了一口氣，無奈的說：「雖然你的際遇令人同情，但偷東西仍屬違法行為，至於刑罰輕重，就看法官怎麼判決了。」

等到他們押著林煌豪下山，明雪和明安也急忙趕回阿公家。接近阿公家時，明安突然想到一件事，「姊，我還是覺得怪怪的，就算林煌豪是小孩子，也不可能鑽得過籬笆的破洞呀！」

明雪霎時停下腳步，「對耶……難道有兩個小偷？」

這時，一道黑影從籬笆的破洞迅速竄出，明安一個箭步

上前，往黑影撲去——原來是一隻小黑狗，嘴裡還叼著一袋廚餘！

在門外散步的阿公，剛好見到明雪回來，笑著問道：「小偵探，有沒有抓到小偷呀？」

聞言，走在姊姊身後的明安，高舉手上的小黑狗，驕傲的說：「有啊，我們還一次抓到兩個呢！」

科學 小百科

　　除了竹子，部分蔬菜也會在降雨後迅速生長，這是因為部分雨水會形成穿過地表的滲透水，加上土壤膠體的養分濃度比雨水還高，所以會被解離出來，到達根的表面，被植物吸收利用。

　　另外，不同養分的移動速度有別，例如氮就比磷和鉀快，非常容易被根部吸收，造成植物體內的氮含量較高。氮有利於植物生長，葉面會變綠、變大，自然就會形成「部分蔬菜在下雨後長得比較快」的現象。

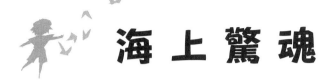

海 上 驚 魂

　　放暑假囉！由於這學期明雪和明安的成績非常好，加上全家人已經很久不曾一起出外旅遊，所以爸媽決定帶他們出國度假。

　　他們選了四天三夜的香港郵輪之旅，從基隆港出發，除了兩個白天在香港觀光，其餘時間都在郵輪上度過。船上設備一應俱全，不但有自助餐、游泳池、按摩池及健身中心，晚上還可觀賞表演。

　　星期天下午登船，明雪一家將行李放到房間後，就開始研究船上設施，計畫這幾天要如何玩得盡興。

　　郵輪駛離港口，眾人都在甲板欣賞海上風光。微風徐徐吹來，令人暑氣全消，一群海鷗跟在船邊飛行，好像要陪他們去旅行。

　　這時，明安看到一道熟悉身影，興奮大喊：「李雄叔叔！」

全家人轉頭一看，這才發現警官李雄也在甲板上，神情嚴肅的盯著同船遊客。

爸爸沒想到會在這裡遇到老友，立即上前打招呼：「這麼巧？你也來度假……」

未料李雄伸出右手，制止爸爸說下去，低聲解釋：「對不起，我在執行勤務，目前不方便暴露身分。」語畢，他走到另一頭，目光仍緊盯著某處。

明雪注意到那個角落有三位西裝筆挺的遊客，中間戴眼鏡那人較矮，斑白頭髮梳理得很整齊，雖然面容略顯蒼老，仍是一位風度翩翩的中年紳士；旁邊兩人戴著墨鏡，身材非常魁梧。

沒一會兒，明安吵著要體驗在郵輪上游泳的新奇感受，但爸爸看了看手錶，皺著眉說：「快吃晚餐了，還是明天早上再游吧！這座海水游泳池浮力很大，明天你們可以游個高興。」

於是，他們就回房稍事休息，準備晚一點大啖美食，好好犒賞自己。

■　　　　　■　　　　　■

　　船上餐廳非常豪華，四周盡是大片玻璃窗，可以直接觀賞海景。郵輪公司不但準備了豐盛的歐式自助餐，餐桌更圍繞著舞臺擺放，上面有兩位藝人正在表演，一人彈琴，另一人吟唱西洋歌曲，洋溢著歡樂氣氛。

　　這時，李雄端著裝滿食物的盤子，坐到爸爸身邊。爸爸低聲詢問：「你不是還在值勤嗎？」

　　「嗯，但現在郵輪開到公海，我的任務已經結束了，接下來算是賺到一次假期。」李雄的神情明顯比下午放鬆許多。

　　明安羨慕的說：「到豪華遊輪上吃喝玩樂也算執行勤務？李叔叔，你的工作真是太快樂了！」

　　聞言，媽媽輕拍他的頭，「別胡說，李叔叔的任務說不定很艱困，你不知道細節就別亂猜。」

　　全場響起熱烈掌聲，原來是船長走上舞臺，向旅客致歡迎詞，並報告未來行程。突然，一名員工衝進餐廳，慌張大喊：「報告船長，有人落水了！」

旅客們議論紛紛，船長則忙著安撫大家，「各位貴賓不要驚慌，本船船員均受過充分訓練，將立即展開搶救行動，也請大家不要到甲板上，以免妨礙救援。」接著，他要求大副清查旅客名單，找出落水人員的身分，並到甲板親自坐鎮，指揮救援行動。

船長命令一發落，餐廳大門立即關閉，不准遊客離開，船員也逐一清點旅客名單。

李雄忽然站起身來，望了遠處一眼，明雪也依樣畫葫蘆，跟著站起來看，發現那位中年紳士還在用餐，但身旁只剩一名大漢相陪。

「怎麼少了一個人？」明雪思索這個問題時，恰巧看見另一名西裝大漢由下一層船艙走上來，進入餐廳。

見狀，李雄坐了下來，發現明雪竟然跟著照做，訝異的說：「明雪，妳該不會已經猜出我的勤務內容了吧？」

明雪自信的點點頭，「我想，李叔叔負責監視和保護那位中年紳士。」

李雄頓感佩服，「唉，我就知道瞞不過妳。你們別被那

傢伙的斯文外表騙了，他是香港人，名叫張凱育，曾擔任香港立法會議員，卻私下勾結黑道販賣毒品，賺了很多黑心錢。東窗事發後，他潛逃到臺灣，最近因為缺錢花用，便勒索當年一起販毒的同伴，要他們提供金援，否則他就向警方供出內幕……」

「這個新聞我有印象，當時香港還鬧得沸沸揚揚呢！」爸爸心有所感的說。

李雄點點頭，「這次他混上這艘郵輪，就是要到香港收取勒索的金錢。據情報顯示，販毒集團擔心萬一張凱育遭到警方逮捕，會全盤供出內幕，因此也派遣殺手混上這艘船。臺灣當局為了避免在領海發生命案，所以派我暗中保護張凱育的人身安全；他自己心裡也有數，雇用兩名保鏢貼身保護。」

明安不屑的抱怨：「警方幹麼要保護那種壞人？」

「沒辦法，我們不能讓壞人自相殘殺。我的任務是保護他到公海為止，接下來就由香港警方接手，但對方目前尚未現身，所以我也不知道是誰。」李雄全盤托出實情，讓氣氛

頓時嚴肅起來。

爸爸苦笑道：「天哪！我還以為大家是來度假的，沒想到各路人馬各懷鬼胎。這下子，我真的遊興全失了。」

在他們交談期間，餐廳傳來一陣騷動，原來是一名微胖男子與張凱育等人發生衝突。服務人員連忙上前制止，那名男子卻突然掏出證件，表明身分：「我是來自香港的陳警官，正在盤查這三位先生的行蹤，請你不要干擾辦案。」

聞言，最後才走進餐廳的保鏢大聲抗議：「我只是到下一層船艙上廁所，你憑什麼懷疑我？」

面對這般凶神惡煞，陳警官毫無懼色，「我強烈懷疑你們和另一名乘客落水的事件有關，因此要扣押你們。」

「就憑你？」那名保鏢先是冷笑，接著猛然揮拳，攻勢凌厲。陳警官雖然微胖，身手倒是挺靈活的，先是側身閃過，然後順勢一扯把對方摔倒在地，還俐落的銬上手銬。

另一名保鏢由後方突襲，朝陳警官的後腦勺揮拳，說時遲、那時快，人群中竄出一道黑影，右手擋住攻擊、左拳痛擊對方，讓他痛得躺在地上哀號。

　　陳警官驚訝回頭，只見李雄掏出證件，笑著表示：「臺灣警方協助辦案。」

　　此時，船長正好從甲板返回餐廳，大聲質問現場為何打架？待兩位警官表明身分，他才回報落水乘客不幸溺斃，並請求協助。

　　陳警官明快的下了決定：「這人叫作張凱育，是通緝要犯，他的保鏢也涉嫌謀殺。你先把他們分別關進房間，再派遣船員站崗，直到船隻入港，由警方接管一切為止。」

　　張凱育不愧是老狐狸，即使面對警方指控，神情依舊冷靜，「謀殺？這艘船上哪有人被謀殺？」

　　李雄正想說些什麼，大副剛好向船長報告，落水男子為香港籍的吳鈺宇。

　　陳警官盯著張凱育的眼睛，緩緩說道：「吳鈺宇是香港幫派份子，這次上船就是要刺殺你，沒想到卻落水身亡……你敢說這件事和你沒關係？」

　　張凱育逸出一聲冷笑，「哼！船員發現有人落水時，我好端端的坐在餐廳裡，有這麼多人作證，我可不怕你誣

賴。」

「但你的一名保鏢卻沒陪在身邊，直到船員報告落海事件後，他才從下一層船艙上來。我觀察過了，若要從下面的欄杆把人扔下海，還挺方便的⋯⋯」陳警官絲毫沒有動搖，堅定的說。

張凱育略顯激動，「這全是你的想像，根本不能當證據！」

話雖如此，但在船長的協助下，張凱育三人還是被「請」進房間裡，接受嚴格監控。另一方面，為了避免證據被破壞殆盡，陳警官也加快辦案腳步，請船醫立即進行解剖，以了解吳鈺宇的死因。

　　　　■　　　　■　　　　■

醫務室裡，原先的病床已變成解剖床，擺放著吳鈺宇的大體。女船醫皺起眉頭，困擾的說：「我是小兒科醫師耶！平常頂多處理小朋友受傷或遊客感冒之類的毛病，從沒想到要進行解剖。」

「現在是緊急狀況，就請妳勉為其難，提供專業意見給

兩位警官參考吧！」船長耐心安撫她的情緒，希望案情盡快水落石出，給全體乘客一個交代。

當女船醫無奈的劃下第一刀，船長便默默退出醫務室，讓她安心工作。外頭，李雄和陳警官正忙著討論案情，明雪和明安徵得兩人同意，在一旁乖乖聆聽。

不久，船醫步出醫務室，提出解剖報告：「由肺部積水且肺部大動脈有溶血反應來看，此人確實死於溺斃。」

「果真是溺斃？他不是被毆打致死後才棄屍海裡？」陳警官喃喃自語。

明雪看了他一眼，好奇的問：「請問什麼是溶血反應啊？」

「就是水滲入紅血球後，把紅血球漲破。」女船醫簡短說明。

明雪低頭沉思數分鐘後，才抬起頭說：「陳Sir，你的推測沒錯，這是一件謀殺案，而且命案現場可能就在郵輪的按摩池。若警方仔細搜索，或許可以找到證據。」

「啊？」陳警官被明雪突然冒出的推論嚇了一跳，剎那

間反應不過來。

李雄笑著解釋：「這是我們臺灣的美少女偵探，姑且聽聽她的推理吧！」

「發生溶血反應表示吳鈺宇是在淡水中溺斃。淡水進入肺部後，因為濃度比紅血球內的溶液還低，所以會滲入紅血球，直到把紅血球漲破；若是在海中溺斃，因為海水濃度比紅血球內的溶液還高，就不會出現溶血反應。吳鈺宇明明掉進海中，卻是在淡水裡溺斃，即可確認這是一件謀殺案。」明雪有條不紊的說明，直到眾人都點頭表示了解，才繼續解釋。

「如果要使人溺斃，需要不少水量。今天下午登船後，我研究過整艘船的平面圖及設施，發現除了飲用水之外，另一個貯存大量淡水的地方就是按摩池。」

說到這裡，陳警官和船醫都投以讚賞的眼神，李雄跟明安則露出與有榮焉的笑容。

■　　　　■　　　　■

隔天一早，警方封鎖按摩池進行蒐證，明雪姊弟則在海

水游泳池玩得不亦樂乎。

啜飲著飲料的明安提出疑問：「姊，妳怎麼知道溶血反應和是否在淡水裡溺斃有關係？」

「你忘了我們寒假在姑婆家菜園發生的事嗎？」明雪嘴角噙著笑，看了弟弟一眼。

明安努力回憶，終於想起自己赤腳在菜園嬉戲，不幸被吸血水蛭纏上。當時姑婆一把抓下水蛭，還吩咐明雪將鹽撒在水蛭身上；只見水蛭不斷冒出水來，身體也愈來愈小，最後只剩一團溼溼的痕跡。

「想起來了吧？我們老師曾教過這個原理——把食鹽撒在水蛭身上後，牠體內的水就會滲出細胞外以稀釋食鹽，水蛭身體因此逐漸縮小，最後脫水而死。未摻防腐劑的蜜餞和醃肉就算不放冰箱，也不會腐敗，即是基於相同原理；因為蜜餞內含大量的糖，醃肉則有大量食鹽，若細菌沾染到這些食物，會立刻脫水而死，所以醃漬食物不易腐敗。」明雪詳細解釋。

聞言，明安彈指大喊：「我懂了！昨天船醫提到吳鈺宇

肺部有溶血反應時，妳立刻聯想到把鹽撒在水蛭身上，牠體內的水會往外滲的道理；反過來說，如果紅血球泡在淡水中，淡水就會滲進紅血球，對不對？」

明雪笑著補充：「沒錯！總之，液體由淡的地方移向濃的地方，就叫作滲透作用。」

這時，陳警官帶來好消息：「明雪，由於妳的協助，我們在按摩池畔找到打鬥痕跡，也取得不少證物。張凱育等人已鬆口認罪，要求減刑。案情大致是：張凱育一發現吳鈺宇的蹤影，就約他到按摩池談判，但因為李雄警官嚴密監視，張凱育無法脫身，便指示保鏢出面，到按摩池殺人滅口，並將屍體藏匿起來。等到晚餐時刻，眾人聚集在餐廳之際，才由其中一名保鏢把屍首扔進海裡。」

明安點點頭，接著好奇的問：「奇怪，李叔叔怎麼沒跟您一起來呢？」

陳警官笑著回答：「郵輪已進入香港領海，張凱育也被囚禁起來，李警官圓滿完成任務，正和令尊在籃球場鬥牛呢！」

　　「他們兩位老同學又要比高下了，真是受不了！」明雪姊弟倆人小鬼大的搖頭歎氣，陳警官忍俊不住，放聲大笑……

　　如文中所述，水通過細胞膜擴散的現象，稱為「滲透作用」。除了把紅血球放入淡水中，紅血球會因為淡水滲入而破裂之外，植物根部的細胞亦可藉由滲透作用，從土壤中汲取水分。不過，因為植物根部細胞外是具有孔隙的細胞壁，其主要成分是韌性十足的纖維素，所以能防止細胞過度膨脹，又可讓大部分物質通過。

　　另一個類似的原理是「擴散作用」，意指在同一溫度下，分子由濃度較高處往低處運動。例如呼吸時，氧氣進入肺部動脈，二氧化碳由靜脈進入肺部，都是靠擴散作用。

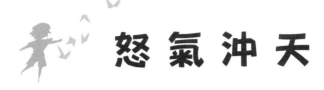

怒 氣 沖 天

　　秋天到了，一連幾天都是秋高氣爽的好天氣，讓人覺得非常舒服。星期六中午，明雪一家坐在客廳聊天，大家不約而同覺得一年之中，就屬這段時間氣候最宜人，爸爸因此提議應該到戶外走走。

　　貪玩的明安興奮附和：「我贊成！我們順便去吃美食，好不好？」

　　媽媽笑看他一眼，拋出問題：「那秋天要吃什麼呢？」

　　結果，大家異口同聲回答「大閘蟹」，接著爆出一陣笑聲。

　　「聽說新北市烏來山區養殖大閘蟹非常成功，不如我們就到烏來郊遊，用完晚餐再回家。」爸爸笑著說出建言，其他人也通過這個提議，大夥因此立刻整裝出發。

　　明雪記得小時候曾跟父母到烏來遊玩，那時街道塞滿車子，要找個停車位比登天還難，可見當年這兒是極為熱門的

旅遊景點；甚至某年全家人去紐西蘭玩時，曾在一戶農舍投宿，女主人是位老太太，聽說他們來自臺灣，立刻興奮大喊：「我蜜月旅行就是去臺灣的烏來呢！」

未料這次全家人到烏來玩，路上竟然空蕩蕩的，所以他們很容易就在遊樂園前面找到停車位，並且搭乘纜車進入遊樂園。令人不勝欷歔的是，園區裡也是一片荒涼，到處堆滿黃土，許多明雪小時候曾玩過的遊樂器材，都因不堪破損而棄置於一旁。

媽媽好奇的詢問員工，才知道自從前年颱風造成重大損傷後，園方就一直無力修復；但也幸好人工建造的遊樂設施無法使用，遊客因此大為減少，登山小徑反倒更能保有原始風貌。

全家人在園區內逛了一圈後，再度搭乘纜車離開，此時，明安看到出口處有人在賣溫泉蛋，直嚷著肚子餓。

媽媽當然明瞭他的意思，便買了一包溫泉蛋，全家人分著吃。

明安塞了滿嘴蛋黃，耍起寶來，「嗯……好好吃、好好

吃喔！烏來的溫泉蛋是世界上最好吃的蛋！」

明雪受不了弟弟的幼稚而歎氣，爸爸則出言提醒：「明安，別吃太多，馬上要吃中餐了。」

就在他們準備上車之際，一輛灰色轎車突然停在路邊，步出車外的中年男子也熱情向爸爸打招呼：「老陳，全家出遊啊？真是幸福！」

大家一看，原來是李雄警官，而坐在駕駛座的長髮青年，則是他的搭檔林警官。為了辦案方便，林警官習慣蓄長髮、穿便服，以掩飾警察身分。

「真巧！你們也來玩嗎？」爸爸向李雄和林警官點頭打招呼，接著好奇的問。

「哪有這麼好命？我們今晚是到烏來支援勤務。」李雄無奈的說。

聽到這裡，明安忍不住插嘴：「李叔叔，山區治安不是一向很好嗎？怎麼還需要外地警察支援？」

李雄歎了一口氣，「唉！因為這裡的屋主大多是有錢人，往往買了溫泉別墅卻沒時間來度假，所以容易引起不良

分子的貪念，趁著沒人在家時偷東西或搞破壞。就像你說的，山區治安一向良好，平常不會配置太多警力，加上這些案件很可能是熟識本地警察的當地居民所為，因此接到別墅主人投訴後，上級便指派我們越區支援，希望今晚能有收穫。」

「那你們就等吃飽飯再執勤吧！」聽完前因後果，爸爸力邀兩位警官一起去用餐，李雄卻表示每棟別墅的距離都很遠，必須不斷巡邏，且兩人已準備麵包果腹，揮手告別明雪一家。

爸爸見狀，只好約定下次一定要一起吃頓飯，接著載著全家人往山裡開去，並順利進入管制區，抵達事先預約的餐廳。

餐廳裡，已有一桌客人在享用大閘蟹。明雪定睛一看，發現螃蟹看起來滿小隻的，便偷偷告訴爸爸，就連老闆娘為他們服務時，也率直坦言道：「這批大閘蟹不太肥美，我建議你們改吃鱘龍魚。」

既然有專家推薦，大家當然採納建言，並且在等待上菜

時，到餐廳前的養殖場參觀大閘蟹和鱘龍魚的養殖情形，直到老闆娘招呼他們入座用餐。

雖然餐廳陳設並不豪華，但魚肉鮮美可口，加上放眼望去能欣賞日落前的雲彩變化，也是一大享受。一家人邊吃邊談笑，直到夜幕降臨、滿天星斗，才依依不捨的準備離開。

臨走前，爸爸交代老闆娘再烹調一道炸魚佳肴，切成塊狀後打包。媽媽低聲詢問原由，爸爸笑著解釋：「等一下若發現李雄的車子，就可以讓他們打打牙祭。都這麼晚了，還得啃麵包執勤，實在太辛苦了。」

藉由明亮的車頭燈，爸爸小心翼翼的沿著蜿蜒山路，慢慢駛離。一片寂靜中，明安忽然大喊：「爸，那是李叔叔的車！」

眾人仔細一看，果然發現一輛灰色轎車停在右前方的路旁，爸爸立刻緩緩駛近。

這時，附近的別墅突然傳來玻璃破裂聲，把全家人嚇了一跳，灰色轎車兩側的車門則同時被打開，只見李雄和林警官衝出車外，迅速翻牆進入別墅中。

不久，別墅裡揚起一陣打鬥聲，還夾雜著吆喝及叫喊聲——明雪一家都知道，兩位盡忠職守的警官正展開逮捕行動，但他們不知道自己能幫上什麼忙，只能呆坐車中。

明安苦思片刻，接著擊掌大喊：「對了，我們得快點報警，要警方快派人來協助李雄叔叔！」

不過，當他以手機向當地警方敘述案發情形時，對方回答李雄早已請求支援，警車應該快抵達現場了。

大約三分鐘後，林警官押著兩名上了手銬的少年、少女步出別墅，明雪一家見局面獲得控制，才下車跟他及隨後現身的李雄打招呼。

「組長，這兩個人交給你，我去追那名從後門溜掉的嫌犯！」林警官說著，就將已上銬的少年和少女推向李雄，接著往屋後的小山丘跑去。

李雄面容一整，嚴肅逼問那兩人：「我剛才看到你們四個人一起翻牆進去，共有兩男兩女。其中一人從後門溜掉，另外還有一個呢？」

「哼！我們才不會告訴你。」少年冷哼一聲，桀驁不馴

的說。

李雄沒有跟他計較，只是動手搜身，並且冷聲質問：「槍呢？」

這次，換那名少女出言不遜，「你很煩耶！我們又沒有槍。」

「不然你們用什麼打破玻璃？」按捺不住的李雄當場怒斥，讓兩人嚇了一跳，不過，他們還是沒有供出作案手法。

此時，支援警車已趕到現場，李雄便將兩人交給當地警方，詳細說明：「這兩名嫌犯就拜託你們了，我和我同事還要持續搜捕另外兩名闖入者，他們身上可能藏有槍枝，非常危險。」

待警車開走，李雄打算重新進入別墅搜查，明雪和明安趕緊把握時機提出要求：「李叔叔，我們可以跟進去看看嗎？」

李雄先是看了爸媽一眼，接著才點點頭，「好吧，你們說不定可以幫忙出主意，但千萬記住，不要亂動東西。」

一行人進入屋裡後，李雄將別墅的電燈全部打開，並且

小聲吩咐：「我要逐一搜索每個房間，尋找第四名嫌犯的蹤影，你們可以在客廳幫我找找看，是否有掉落的彈殼。」

語畢，李雄就逕自上樓工作，留下姊弟倆在客廳。明雪注意到大片落地窗被打破，地面散落許多玻璃碎片，因此提醒弟弟要小心，別被玻璃割傷了。

兩人仔細觀察地面，發現窗邊有些透明碎片混在其中，但材質明顯與玻璃不同，所以感到非常好奇。明安撿起那些透明碎片，小心翼翼的摸了摸，吃驚的說：「姊，這是塑膠，而且冰冰涼涼的。」

明雪也在玻璃碎片中撿起一枚瓶蓋，喃喃自語：「那些碎片和瓶蓋應該來自寶特瓶，可見現場有一個寶特瓶被炸成碎片。可是……如果發生爆炸，怎麼觸感冰冰涼涼的呢？」

當她陷入沉思之際，林警官押著一名穿著橙色襯衫的少年，由後門走了進來。遍尋不著李雄身影的他，扯開喉嚨大喊：「組長，我逮到那名嫌犯了，你這邊有進展嗎？」

從樓上走下來的李雄搖搖頭，「這裡沒找到任何人和槍械。」

　　見狀，林警官扯住少年的衣領，大聲斥道：「你還有一個同伴在哪？快說！」

　　橙衣少年嚇得發抖，連話都說不完整：「我……我真的……不知……」

　　明雪持續在地面摸索，還跑到餐桌旁，觀察散落其上的物品。

　　「你們為什麼侵入別人的房子？」李雄再度質問橙衣少年。

　　橙衣少年畏畏縮縮的說：「今天……是蘭翎生日，我們幾個朋友……要幫她辦派對，就買了一些飲料和食物，選定這棟……圍牆較低的別墅，翻牆進來玩……」

　　「辦派對幹麼帶槍械？」林警官不悅的開口。

　　聞言，橙衣少年嚇了一跳，極力為自己與朋友辯白：「槍？我們沒有帶槍啊！」

　　李雄見少年不肯說實話，正要發怒，明雪急忙制止：「李叔叔，他說的是實話，現場真的沒有槍。」

　　「但我們聽到爆裂聲的同時，玻璃就碎裂了，不是槍又

是什麼？」李雄和林警官異口同聲的反駁。

　　明雪搖搖頭，說出自己的推測：「這群少年因為要舉辦生日派對，所以帶來食物和飲料——你們看，桌上有一盒以冰淇淋當餡料的雪餅，就是證據。為了避免內餡融化，雪餅通常會用乾冰保存，我猜他們喝完飲料後，因為貪玩之故，便把乾冰放進寶特瓶並旋緊瓶蓋，放在窗邊。乾冰雖是固態二氧化碳，但在室溫下會變成氣態；由於瓶內氣體壓力愈來愈大，瓶子終被炸開，連帶打碎玻璃窗，這就是玻璃破裂聲的由來……」

　　「姊，妳怎能確定是乾冰惹的禍？」明安好奇問道。

　　「因為你發現寶特瓶碎片和地面都冰冰涼涼的啊！乾冰溫度本來就低，加上高壓二氧化碳氣體衝出瓶口的瞬間，體積突然膨脹，會吸收大量熱能，所以使得附近物體更加冰涼。」明雪笑著為弟弟解惑，並且轉頭向橙衣少年求證，「你說，我的推理對不對？」

　　少年愣了一會兒，接著點點頭，不發一語。

　　李雄思考片刻，終於鬆了一口氣，「嗯，妳說的有道

理，之前確實有過類似案例：一名小孩同樣把乾冰丟入寶特瓶中，旋緊瓶蓋，結果炸開的瓶蓋造成他失明。看來，這群少年、少女真的只是私闖民宅，並未攜帶槍械。」

「那……蘭翎人呢？」正當眾人如釋重負之際，少年怯生生的問起同伴蹤影：「我記得寶特瓶爆炸時，蘭翎非常興奮，吵著要找更多瓶子來玩，結果下一瞬間，你們就衝進來了，大家只得四處逃竄……」

「找更多瓶子……」明安喃喃重複少年的話，接著像是突然想起什麼，拔腿就往廚房跑，四處搜尋過後，鎖定流理臺下的櫃子。

當他打開櫃子，赫然發現裡面有一名陷入昏迷的瘦弱少女，隨即扯開喉嚨大喊：「李叔叔，快叫救護車！」

待救護車把蘭翎送到新店市區的醫院後，姊弟倆又到派出所製作筆錄，直至深夜才離開。眼見夜已那樣深，爸爸提議乾脆投宿溫泉旅館，等隔天再回家。

■　　　■　　　■

第二天一早，當全家人在享用旅館早餐時，李雄和林警

官帶來好消息：「蘭翎已經脫離險境，沒有大礙。醫生說幸好搶救得早，如果再晚一點發現，恐怕會有生命危險——這都是明雪和明安的功勞。」

「這真是太好了。話說回來，明安，你怎麼知道她躲在廚房的櫃子裡？」爸爸感興趣的詢問兒子，想聽聽他的「辦案歷程」。

明安搔著頭回答：「因為她朋友說她正要去找瓶子啊！我先是反問自己屋裡什麼地方瓶子最多？結果得到『廚房』這個答案，所以就到那裡找人。我猜，她一定是帶著剩餘的乾冰到廚房，忽然聽見警察闖進客廳抓人，就嚇得躲到櫃子裡，不敢動彈。」

「嗯，她所攜帶的乾冰不斷昇華成二氧化碳，加上櫃子又非常狹小，才會造成她缺氧而陷入昏迷。」明雪補充說道。

媽媽話鋒一轉，關心起被逮捕的少年和少女，「我看那些嫌犯年紀這麼小就被上手銬，好可憐喔！」

聞言，李雄尷尬回覆：「呃……當時誤以為他們攜帶槍

械，才會上手銬；後來得知他們只是私闖民宅、未犯下重大罪行後，我就請本地警察解開手銬，並通知家長來領回。後續調查工作亦將由本地警方接手，追查他們總共侵入多少間民宅；他們不但要賠償屋主損失，還要負法律責任。」

爸爸拍拍他的肩膀，朗聲說道：「真是辛苦你們了。來，先吃早餐，再去泡溫泉，中午我請你們吃飯！」

李雄和林警官交換一個感動的眼神，決定好好享受這難得偷閒的假期，盡享烏來之美。

科學 小百科

　　如文中所述，乾冰是固態二氧化碳，因此只要在1大氣壓下，乾冰接觸到溫度高於-78.5℃的環境，就會直接昇華成氣體，而非溶化成液體。

　　值得注意的是，氣體分子之間的距離遠比固體物質大，所以固體昇華成氣體時，體積會迅速膨脹，若被局限在體積一定的容器中，會導致氣體壓力愈來愈大；當密閉容器或空間承受不住壓力，就可能產生猛烈爆炸，危險性極高，千萬不要隨意嘗試！

　　另外，乾冰因為溫度低，可使空氣中的水蒸氣凝結成小水滴，形成煙霧，因此常被用來製造舞臺效果。

血染口琴

明雪和班上幾位同學趁著假日相約出遊，目的地是新北市碧潭。他們早上先在碧潭划船，中午在潭邊的小吃攤吃過午餐後，惠寧提議到對岸的寺廟走走。

「我小時候常跟爸媽到那座廟參拜，廟裡香火鼎盛，從前方的小花園往外眺望，風景十分美麗，我們何不到那裡走走？」

眾人一聽深感同意，於是就由惠寧帶頭，走過吊橋，穿越人口稠密的社區，轉進狹窄的柏油路。這兒一側是山壁，另一側是稻田，窄得只容一輛車單向通過，幸好路上沒有車和其他行人，只有他們這群學生，邊走邊聊，倒也十分開心。

可是，明雪不禁擔心起來，「惠寧，一路走來，行人愈來愈少，現在只剩我們，妳確定沒走錯路嗎？」

惠寧笑著回答：「唉呀，妳放心啦！我小時候常走這條

路，雖然已經很多年沒來了，但這裡就只有這麼一條柏油路，不會走錯的啦！」

大家又走了四十分鐘後，已經有同學喊著腳痠，頻頻問惠寧還有多遠。

這時，全班最嬌弱的雅薇突然表示自己吃不消，不想再走了，她說：「我走不動了，前面剛好有座涼亭，我就坐在那邊等你們好了。」

明雪看看四周，覺得不妥，「我覺得大夥還是在一起比較安全，妳一個女生落單不太好……」

「沒關係，這段路除了我們之外，就沒有其他人，不會有危險的。反正照惠寧說的，離廟宇只剩十分鐘的路程，你們來回也不過二十分鐘，不用擔心啦！」雅薇邊說邊捶著痠疼的雙腿。

奇錚見明雪仍有些猶疑，便自告奮勇的說：「我留下來陪雅薇好了。」

大夥也覺得留個男生陪她比較放心，但雅薇堅持不肯，她從口袋拿出口琴，「你們去吧！我在這裡吹口琴等你們。

只需吹奏幾首歌的時間，你們就回來了。」

　　語畢，雅薇就逕自吹奏起來，大家看她如此堅持，只好繼續前行。

　　這次惠寧果然沒騙人，他們大約走了十分鐘，便看到斜坡上的寺廟。走上階梯，一座佛塔映入眼簾，供奉神像的正殿就在塔邊，但裡頭冷冷清清，看不出曾經香火鼎盛的景況，只有一位老尼姑正在打掃。

　　惠寧搖搖頭，感慨的說：「想不到幾年沒來，這裡竟然沒落成這樣……」

　　眾人卻絲毫不在意，催促著她，「反正我們是來看風景的，管他沒不沒落。惠寧，接下來要怎麼走？」

　　惠寧帶他們穿過正殿，走到一座小花園，「從前面欄杆處向下望，可看見一條山溪流過，碧潭的水就是從這兒來的。隔著溪，還能看到對面的山，風景很美。」

　　大夥照她的指示，走到欄杆旁往下望，果然有一條美麗的小溪，不過對面的山就不怎麼美麗了，因為有幾臺挖土機正在工作，山上一片黃土，旁邊還立著賣房子的廣告。

惠寧歎口氣道：「唉！再過不久，這座山就會變成有錢人的別墅區吧？」

明雪先是點點頭，然後提醒大家：「我們還是快回去吧！留雅薇一人在涼亭裡，我實在是不放心。」

大夥不敢耽擱，立刻往回走，又花了十分鐘才回到涼亭，卻遍尋不著雅薇蹤影。

「莫非她等得不耐煩，先走回吊橋了？」

「不知道耶！對了，她有帶手機嗎？」

「沒有，她爸媽說要等她考上大學，才買手機給她。」

眾人議論紛紛，明雪心底也有不祥預感，因此提議：「惠寧，妳先帶其他人走回吊橋，我在這裡再等一會兒，只要發現雅薇，就打手機通知對方。」

「明雪，那我留下來陪妳。」奇錚堅持不能再讓女生落單了。

大家離開後，明雪請他退出涼亭外，自己則蹲在地上，想找出任何可解開雅薇失蹤謎團的蛛絲馬跡。不久，她發現地上有幾道紅色痕跡，因為和塵土混在一起，不注意的話，

很容易被忽略。

「莫非是血跡？」明雪如此猜測，但就算是血跡，也可能是很久以前留下來的，畢竟任何人和動物都能自由進出這裡。

這時，一輛白色汽車從吊橋那兒疾駛而來，往寺廟方向開去。由於剛才一路走來，沒有其他人車，明雪不禁多看了它一眼，不過車窗上貼著深色隔熱紙，什麼都看不見。

又過了幾十分鐘，正當明雪和奇錚坐立不安，手機終於響了。

「明雪，出事了！我們在吊橋這邊也找不到雅薇……」惠寧焦急的說。

明雪沉重的閉了閉眼，「唉，那就趕快報案吧！對了，你們剛才在路上，有沒有與一輛白色轎車擦身而過？」

「有啊！妳怎麼知道？路那麼窄，我們都要靠邊站，車子才過得去。」惠寧不禁抱怨。

模糊的想法一閃而過，明雪因此交代惠寧：「這樣好了，報案的電話我來打，你們在那邊查訪一下，看看有誰在

今天下午見到那輛車，以及車主做了些什麼事。它的車號我有記下來，是XZ……」

■　　■　　■

刑警李雄和鑑識專家張倩很快就趕到現場，明雪描述了事發經過，也指出地上的紅色痕跡。

張倩拿出棉花棒抹了一下，再噴上光敏靈（一種驗血劑，常用來檢測血跡），待棉花棒發出淡光，她證實明雪的猜測：「這的確是血跡沒錯，但究竟是新或舊，必須送回實驗室做PGM分析才知道。血液裡的PGM最久可保持二十個月，若血跡內沒有PGM，代表這可能是二十個月前所留下，與本案無關；若檢驗出PGM，則表示是新近的血跡。」

聞言，明雪皺著眉頭，擔心起好友安危，「什麼是PGM？檢驗時間會不會很久？這樣就來不及救雅薇了……」

張倩連忙安撫她，「PGM是一種酵素，中文學名叫「磷酸葡萄糖變位酶」，無論是血液或牙髓裡都可發現它的

存在，因此在法醫學上可作為重要證物，而且只要有齊全設備，大約九十分鐘內就能完成分析。我現在馬上採樣，再請警員送回實驗室，不久就會知道結果。」

語畢，她又用棉花棒沾染血跡，然後裝進塑膠袋密封；李雄則趁著這個空檔，詢問奇錚是否見過可疑人物在附近出沒？

奇錚飛快的搖搖頭，「沿途除了我們，沒有其他行人及車輛，只有一輛白色轎車經過。不過，那輛車是在我們發現雅薇失蹤後，才從吊橋那邊開來，應該與這件事無關。」

李雄想了一下，說：「我剛才用無線電詢問過本地警察，沿著這條路往山區走，過了寺廟後，就是一座只有十幾戶農家的小村子，因此這條路平常只有香客和村民進出。不過，今天除了你們，尚未有其他香客前往參拜，如果那輛車一直沒開出來，代表車主應該是本地居民，說不定曾與雅薇或歹徒擦身而過，問問也無妨。」

在請警員將張倩採集的證物送回實驗室化驗，並安排奇錚搭警車到吊橋與同學會合後，李雄便載著張倩和明雪查探

山區裡的村落。明雪一眼就發現其中一間農舍門口停著那輛白色轎車，一名捲髮微胖的中年男子正抓著水管沖洗車子，急得她放聲大叫：「就是這輛車！李雄叔叔，快，快阻止他洗車！」

李雄疑惑的說：「明雪，從他出現在涼亭的時間看來，他頂多是目擊證人，不太可能是歹徒呀！」

明雪連忙搖搖頭，「不，李叔叔，我剛才仔細想了一遍，發現還有一種可能——歹徒若是村民，必定是從村子往吊橋開，當他攻擊落單的雅薇後，八成會急著返家湮滅證據，但因為道路過於狹窄，只能先到吊橋邊的社區迴轉，再開回村子，沒想到卻被我們撞見。由此來看，他並非完全沒有嫌疑。」

李雄覺得她所說的不無道理，因此立刻跳下警車，表明身分，要求男子出示證件。

對方見到來者是警察，略顯驚慌，但隨後就鎮定下來，抗議自己並無犯法，不願交出證件。

因為缺乏證據，李雄只能客氣的說：「附近有一位高中

女生失蹤了，警方動員挨家挨戶尋找，請大家配合辦案。」

那名男子悻悻然的點頭，心有不甘的出示身分證。正當李雄以警用電腦調查這位叫作陳柏翔的男子是否有前科時，張倩也提著工具箱走到白色車輛旁，向車主表明要採集證據。

陳柏翔突然變得緊張起來，大聲喝斥：「妳……妳又沒有搜索令，不能搜證！」

看他反應過度，張倩心中提高警戒，故意說道：「若有必要，我可以向檢查官申請搜索令，到時恐怕不只是車子，就連房子也會列入搜索範圍。」

陳柏翔最後還是退到一旁，讓張倩執行勤務。她戴上手套，打開車門和行李廂，裡裡外外全看了一次，發現陳柏翔不但沖洗車體，連腳踏墊和行李廂的布墊也拿出來刷洗、晾乾，採到微物跡證的可能性大幅降低。

明雪也注意到這點，她沉思片刻，低聲提出看法：「雅薇和我們分手時正在吹口琴，但涼亭裡卻遍尋不著口琴。假設雅薇是被歹徒打昏後帶走，對方顯然連口琴也一併拿走

了。試想，若妳把一個昏迷的人抱上車，再回頭撿拾掉落的口琴，妳會把口琴放在哪裡？」

「嗯……不是副駕駛座前的手套箱，就是門邊的置物格。」張倩想像明雪描述的情境，推敲出這個答案。

明雪點頭表達贊同，「我也這麼想。」

不過，別說口琴了，張倩發現手套箱和門邊置物格空無一物，失望之餘不禁質疑：「這輛車上竟然沒有放置任何物品？這太不尋常了吧！」

覺得事情不對勁的她，拿出螺絲起子，拆開門邊的置物格，終於在左後方車門找到紅色痕跡。陳柏翔見狀，臉色一變，一句辯解的話都說不出來。

此時，明雪的手機響了，電話一接通，惠寧著急的聲音從那頭傳來：「明雪，我們剛才繼續在吊橋附近詢問，結果很多人都說看到那輛白色轎車今天下午開到文具店購物後，就掉頭返回山區，文具店老闆也證實車主買了一條童軍繩……」

明雪掛斷電話後，立刻大聲質問陳柏翔：「文具店老闆

說你在那裡買了一條童軍繩，該不是用來綑綁雅薇的吧？」

陳柏翔一聽，知道事蹟敗露，拔腿就跑。不過李雄很快便追上去，將他撲倒，並戴上手銬。

明雪衝進陳家要救雅薇，但屋內空無一人，讓她更加焦急。隨後進入的張倩發現門邊有雙皮鞋，腦中閃過涼亭血跡的畫面，因此著手採集鞋底的跡證，連同剛才車上的紅色痕跡，做了初步化驗，證實都有血跡反應。

這時，實驗室已將涼亭血跡的檢驗結果傳到她的手機，證實其為新近留下的血跡，張倩立刻指示同事前往雅薇家取得DNA樣本，做進一步確認。

押著陳柏翔進到屋裡的李雄，則試圖突破他的心房，「所有關鍵證物都被我們警方掌握，破案只是時間的問題。你最好趕快供出被害者藏在哪裡，否則我會請法官從重量刑！」

陳柏翔見大勢已去，只好坦白招供：「從我家後門走過去，有一間廢棄的豬舍，你們要找的人就在裡面。我沒有要傷害她的意思，只是因為缺錢，又看她一個人落單，就想到

綁架勒贖……」

　　明雪和張倩火速往屋後跑，果然發現一間豬舍。兩人衝進去一看，裡頭黑漆漆的，但仍可看見雅薇被童軍繩綑綁，跌坐在地。張倩檢查她的傷勢，發現額頭流了很多血，便以無線電通報救護車，明雪則忙著解開繩子。

　　待重獲自由，雅薇「哇」的一聲哭了出來，並緊緊抱住明雪，敘述事發經過：「我……我在涼亭等你們，結果一輛白色的車經過，裡面突然衝出……一個人，他不但動手抓我，還搶走口琴，用口琴打我的頭……」

　　明雪拍拍她的背：「不要怕，壞人已經被警察抓起來了。」

　　「那……那支口琴是爸爸送我的生日禮物……」雅薇邊啜泣邊心疼的說。

　　「別擔心，我在豬舍裡找到這支口琴。多虧它，我們才能在車門的置物格發現血跡，等我們採樣完畢，就會還給妳。」張倩揚揚手中裝著染血口琴的塑膠袋，安撫著說。

　　雅薇揚起一抹微笑，虛弱的點點頭，接著安心閉眼休息。

科學 小百科

　　所謂PGM分析，意指運用「電泳現象」檢測血液中的PGM酵素，以判斷血跡產生的時間。至於什麼又是電泳呢？帶電顆粒在電場作用下，朝向與其電性相反的電極移動，此現象即稱為「電泳」。

　　人類早在1808年就發現電泳現象，但把它當作分離方法，卻是1937年瑞典科學家Tiselius發明了世界第一臺自由電泳儀，建立「移動界面電泳」；而這項成就，也讓Tiselius在1948年獲得諾貝爾化學獎，因為他成功的將血清蛋白質分成白蛋白、α1-、α2-、β-和γ-球蛋白五個主要成分，為人類了解血清奠定基礎。

蝴 蝶 夫 人

　　今年暑假，明雪和惠寧一起報名參加三天兩夜的生態研習營，地點在墾丁。學生住在離墾丁大街不遠的一家大飯店，通常早上就在飯店的會議室上課，下午則搭遊覽車到山巔海角觀察生態。

　　昨天是第一天過夜，吃完晚餐後的自由活動時間，是全體學員最快樂的時光。明雪趁天色尚未變暗前，先到飯店後面的樹林散步；等天色暗了，墾丁大街也熱鬧起來，再和惠寧一起逛街。

　　今天是第二天，上午課程是由一位年輕女老師講授的「蝴蝶行為研究」。她叫作林茵，剛拿到生物碩士學位；由於非常年輕，很容易和學生打成一片，全班都聚精會神的專心聽講。

　　林老師帶來的筆記型電腦裡，存放很多自己拍攝的蝴蝶照片，她一一秀在銀幕上給同學欣賞。她解釋：「雄蝶一生

可以交配很多次，但雌蝶通常只有一次，最多只有數次機會，所以雌蝶要慎選交配對象，才能生育優良下一代。至於雌蝶要怎麼挑選雄蝶，就是我的研究主題喔！」

說著，林茵拿出一臺相機，「這是普通的單眼相機，但加上紫外濾片後，就會有『特異功能』！」

明雪瞪大眼，盯著林茵手上的黑色濾片，有種似曾相識的感覺。

惠寧搶先發問：「老師，妳手裡的塑膠片是黑色的，要怎麼透光呢？」

林茵笑著回答：「紫外光本來就看不見呀！人類看得見的光線叫可見光，用三稜鏡能把可見光大約分成紅、橙、黃、綠、藍、靛、紫等顏色；可是在紫色光之外，還有一種人類肉眼看不到的電磁波，就稱為紫外線。這種電磁波能量很強，可以穿透黑色濾片。」

「既然看不見，拍出來的照片不就黑漆漆，那有什麼用呢？」同學們七嘴八舌的討論。

老師將紫外濾片裝在鏡頭前，耐心解釋，「我們雖然看

不到紫外光，但這種光線透過濾片打在底片上，卻會引發底片上的溴化銀感光，等沖洗出來，就看得到物體反射紫外光的影像了。」

「老師，可以借我看一看嗎？」活潑的惠寧伸手向老師借相機。

和藹的林老師隨手遞給她，「小心別摔壞。」

同學們還是不懂，議論紛紛，「這麼麻煩做什麼？照片會比較漂亮嗎？」

這時，惠寧把鏡頭對準老師，迅速按下快門，教室裡響起喀嚓聲。

林老師不予理會，繼續回應同學的疑問：「不，因為只有感光與不感光兩種結果，所以沖洗出來的照片只有黑白兩色。」

「那……為什麼要加裝這種濾片？」惠寧好奇追問。

林老師回到講桌前，按下電腦鍵盤，銀幕上立即秀出照片，「這是我用一般單眼相機拍攝的荷氏黃蝶，左邊是雄蝶，右邊是雌蝶，你們看得出這兩隻蝴蝶有什麼不同嗎？」

　　照片裡的兩隻黃色小蝴蝶，翅膀邊緣都有黑色圖案，全班同學睜大了眼，開始討論起來，「嗯……大小有點不同，翅膀的圖案也有點不一樣……可是，不會相差很多，很難區別雌雄吧！」

　　老師切換到下一張照片，「這是我在鏡頭前加上紫外濾片拍攝的結果，叫作紫外反射攝影。現在你們再比較一下，雄、雌蝶有什麼不同？」

　　銀幕上的雌蝶翅膀變成黑色，雄蝶翅膀雖然也變暗一些，但和雌蝶相比卻明亮得多，很容易就能分辨。

　　明雪恍然大悟，「蝴蝶就是用這一點區別雄性與雌性嗎？」

　　「應該是，因為蝴蝶可以看到紫外線，所以雌蝶能看出雄蝶翅膀反射的紫外線，絕對不會搞錯。不過每種蝴蝶都不太相同，無法一概而論。」

　　林老師點出另一張照片，只見褐色蝴蝶的翅膀上有一長串白色圓點，「這是一種熱帶蝴蝶，翅膀上最大的白色斑點很像眼睛，早先科學家都以為白色眼斑愈大的雄蝶，愈容易

與雌蝶交配成功。可是用紫外反射攝影研究發現，白色眼斑中有個空心圓圈會反射紫外線，雄蝶看到雌蝶時振動翅膀，一方面散發費洛蒙，一方面刺激雌蝶的視覺——在她看來，雄蝶振動翅膀時，反射紫外線的白圓圈會一明一暗，就像打閃光燈。」

「真有趣！」學生們對於自然界不可思議的巧妙安排，都不禁讚歎。

老師再次強調，「在科學研究上，這種紫外反射攝影有很多用途。今天下午到野外賞蝶時，我要你們用這臺加裝紫外濾片鏡頭的相機拍攝，然後比較看看和肉眼所見有何不同？」

下課時間到了，惠寧打算把相機交還老師，沒想到有人大喊：「林老師，外面有人找妳。」

只見一位高大挺拔的男士站在會議室門口，林老師笑著說：「那是我的未婚夫蔡家廷，我要他等我上完課，今晚再接我回臺北，沒想到他那麼早抵達。那……我陪他去外面吃飯，各位同學，我們下午課堂上見囉！」

調皮的惠寧笑著發問：「老師，他追妳時有打閃光燈嗎？」

林老師輕拍惠寧的頭，「小鬼，別胡說。相機妳先保管，我們下午要到社頂公園賞蝶，記得帶著相機。」說完，她就跟蔡先生走了。

◼　　　◼　　　◼

學員吃過飯店提供的午餐，稍事休息，就到飯店後方的停車場，坐在遊覽車上等林老師。

她大約遲到二十分鐘，才慌慌張張的跑來。見她隻身一人，同學們起鬨，「準師丈不跟我們一起賞蝶嗎？」

林老師臉上一陣青、一陣白，過了一會兒才支支吾吾的說：「他……他臨時有事，先趕回……臺北了。」

車子很快就抵達社頂公園，同學們興高采烈的拉著老師，要求她講解；但老師有點心神不寧，不像早上講課時那樣精采，大家竊竊私語，認為老師一定是因為準師丈沒有按照約定接她回臺北，所以心情不好，同學們只好自己找樂趣，邊賞蝶邊拿著那臺相機拚命拍照。

觀賞完畢，遊覽車載著大家回飯店。在車上，林老師取出底片交給惠寧，「我急著回臺北，所以要帶走相機。這卷底片是你們拍的，惠寧，妳負責拿去沖洗吧！」

惠寧很興奮，一下車就急著往墾丁大街衝，還交代明雪：「我想先到照相館沖印，應該來得及趕上飯店吃晚餐；萬一來不及，就幫我留點菜。」

明雪問她：「妳急什麼？晚餐後我再跟妳一起去。」

「我急著想看拍攝的結果嘛！」說完，她就一溜煙跑了。

明雪對於好友的急性子只能頻搖頭。走進飯店大廳，她看到一名美豔嬌小的女子和警察站在櫃臺前，與飯店經理交談。

經理一看到林老師就對警察說：「你們要找的人就是她。」

林老師聽到警察要找她，嚇得魂不附體，「你們……有什麼事？」

員警簡單說明情況，「這位張小姐報案，她陪一位蔡先

生來墾丁找妳談判……」

「談判？」圍觀的學生都大感意外。

張小姐大聲的對林茵說：「家廷是來找妳攤牌的，他想和妳解除婚約，與我結婚，但他怕我們見面會起衝突，先帶我到另一家飯店等，他獨自來和妳談判。可是我等到下午三點還沒見他回來，在這家飯店也找不到人，只好報警。說！妳把他藏到哪去了？我們租來的車還停在這裡，他不可能跑到別的地方。」

林茵這時已恢復鎮定，冷靜的說：「家廷跟我談過後，還是覺得我比較好，已經搭客運先回臺北了。他要我轉告妳，自己把汽車開回去還。」

備感震撼的學生們議論紛紛，「準師丈竟然有了別的女朋友，難怪老師下午心神不寧……」

警察覺得當眾對質極為不妥，就詢問林茵，「張小姐既然報案了，我們也不能不管，能否請妳跟我們到派出所做筆錄？」

林茵為避免尷尬，便同意和張小姐一起到派出所。

其他同學也漸漸散去，等著開飯，只有明雪坐在大廳思索這起突如其來的事件。這時，惠寧興匆匆的跑進來，「明雪，妳看，我拍到好多蝴蝶！」

思慮被打斷的明雪，只得陪同惠寧欣賞那疊照片，突然，她抓起其中一張，仔細端詳後，一把搶過其他照片翻找，抽出另一張照片。

惠寧被她奇怪的舉止弄糊塗了，遲疑的問：「妳……怎麼啦？」

明雪默不作聲，仔細比對兩張照片後，正色對惠寧說：「這兩張照片借我一下，其他的妳先拿去給大家看。」

說完，她就站起來往外走，「我到派出所一趟，可能來不及回來吃晚飯，不必等我。」

惠寧壓根兒不知道警察來過飯店，完全搞不清楚明雪在說什麼，但明雪已經跑遠了，她只能嘟嘴抱怨，「哼！每次都說我性子急，我看妳的性子更急。」

來到墾丁派出所的明雪要求見林茵，值班警員說：「他們還在做筆錄，稍等一下。」

明雪堅定的搖搖頭，「我現在就要見她，免得她犯下更大錯誤……」

正好一位胖警員巡邏回來，聽到她和值班警員囉嗦，就過來關心怎麼回事，卻發現明雪很面熟，「咦？妳不是上次在恆南路幫忙尋找人質的小偵探嗎？因為妳的推理，我們才能在屏鵝公路攔下歹徒，救出人質，我對妳印象很深刻呢！」（請見《大家來破案Ⅰ》〈銀牙識途〉）

「對，就是我！」明雪也認出對方是當時開巡邏車的員警，便急忙向他請求要立即見林茵一面。

胖警員弄清來龍去脈後，立刻向主管報告。在他的強力保證下，主管終於同意請員警暫時帶開張小姐，讓明雪私下和林茵交談。

明雪開門見山就說：「林老師，做筆錄時如果說謊會加重刑罰，請妳三思，務必懸崖勒馬！」

「說謊？我說什麼謊？」林茵雖臉色有異，但仍嘴硬。

明雪鎮定的說：「妳告訴我們蔡先生已經回臺北，但事實上他受傷了，可能還留在墾丁。他到底怎麼受傷的？現在

人在哪裡？快點向警方坦承，免得鑄成大錯！」

林茵吃驚的說：「妳怎麼知道他受傷了？」

明雪拿出兩張紫外反射攝影的照片，「這是惠寧早上在會議室拍的，另外這張則是下午在社頂公園拍的，主角都是妳，妳看看有什麼不同？」

兩張照片上，林茵都穿著黑色T恤，但下午拍攝的照片中，T恤上多了許多深色斑點。

知道露出馬腳的林茵，臉上露出驚恐表情。

「妳對紫外反射攝影很在行，應該知道這種攝影技術在刑事鑑定上，可用來檢驗血跡、火藥、塗改的筆跡等。因為妳穿黑色T恤，就算沾上幾滴血也看不出來，所以在社頂公園時沒人發現異狀，但在紫外反射攝影下卻無所遁形。我曾在張倩阿姨的實驗室看過她用紫外反射攝影找出血跡，當我看到這兩張照片，就知道中午妳和蔡先生獨處時出事了──他不但受傷，血跡還噴濺在妳身上。」

林茵仍在掙扎是否要全盤托出。

明雪溫言提醒她，「妳身上這件T恤一直沒機會換下，

我可以請警方立刻送去化驗,這是騙不了人的。現在除了擔心妳在做筆錄時說謊,我還擔心蔡先生的安危——他受的傷嚴不嚴重?他真的離開墾丁了嗎?」

承受不了內心折磨的林茵淚流滿面,終於承認犯行,「我們走到飯店後面那座樹林時,他突然要求解除婚約,我們因此發生爭吵。我一氣之下推了他一把,沒想到他卻跌倒在地,頭部撞到岩石而血流滿面……我喊他幾聲,他都沒有回應,我一時心慌,就跑回來……」

明雪立即告知外面的員警,請他們協助搜尋,「蔡先生可能還在飯店後面的樹林裡,他受傷了,你們快去救人!」

胖警員和搭檔一馬當先打開警笛,開著巡邏車就出發了。

林茵後悔萬分,喃喃自語:「我是不小心的,不是存心要害家廷……他實在太傷我的心,加上剛才張小姐盛氣凌人,我嚥不下這口氣,才不想當她的面承認……」

不久,胖警員傳來好消息:他已找到受傷昏迷的蔡家廷,並立即將他送醫。

　　疲累的明雪回到飯店時，發現惠寧為她留了點飯菜，十分感激。約莫八點左右，胖警員離開醫院後就直接到飯店找明雪，再次對她的破案功力讚不絕口，「幸好妳突破林茵的心防，我們才能及時救出蔡家廷。醫師說他失血過多，再遲一點送醫，可能就來不及了。」

　　明雪雖掛著笑容，心中卻沒有一絲歡喜，她為林茵老師感到惋惜。老師專門研究雌蝶的擇偶行為，自己卻遇到負心漢，真是令人不勝欷歔。

　　紫外反射攝影是特殊攝影的一種，如文中所述，因為人類肉眼無法看到可見光以外的光，例如紫外線及紅外線，所以透過紫外反射攝影可幫助找到許多刑事證據，例如血跡、唾液、分泌物、排泄物、化學溶液、竄改筆跡，及附著在陶瓷等物體上的指紋。

　　紅外線攝影則多使用在夜間拍攝，尤其是軍事偵察，讓軍隊即便在完全黑暗的環境中，也能看清周圍環境，準備作戰。

　　由於紅外光波長較長，絲質或尼龍材質等布料反射較少，造成紅外光穿透絲織物，被下方物體反射；如此一來，絲織物等於呈半透明狀態，就是所謂的透視功能。不過對於棉、麻等布料，紅外線的穿透效果較差。

紙上的魔術

明安放學才剛到家，爸爸就焦急的問他：「你還記得上個月，我曾經拿停車單教你到超商繳費嗎？」

明安感到爸爸的語氣有點不高興，他回想了一下，說：「有啊，我拿到巷口那家超商繳的啊！」。

爸爸揚了揚手上的一張單據問：「那市政府的停車管理處怎麼會寄通知來要我補繳？而且還說未按期繳納，要追繳停車欠費及工本費。」

媽媽在旁邊提醒明安：「快把收據找出來就沒事了。」

明安跑到廚房去找，因為他們家都習慣把收據用磁鐵吸在冰箱上。可是現在冰箱上有一大堆收據，到底是哪一張呢？明安把一堆收據都拿下來找，卻發現收據大多已經泛白，很難辨識上面的字跡。幸好由模糊的字跡中，勉強仍可辨認出其中一張有「停車費代收」等字樣。明安抽出那一張收據，回到客廳，拿給爸爸。

「應該是這一張……」

「應該？你也不確定嗎？」爸爸接過收據一瞧，他立刻就明白明安為什麼無法確定了，並說：「唉，都褪色了。」

媽媽問：「那怎麼辦？我們已經按規定繳費，也保存了收據，難道還要受罰嗎？這太不公平了。」

爸爸歎了口氣說：「因為這種收據都是用感熱紙製成的，如果照到紫外光，就會慢慢褪色。因收據字跡消失而引發糾紛，早就時有所聞。我們家廚房採光很好，所以陽光直接照在冰箱上，紫外光強烈，才會造成感熱紙的字跡褪色，我看以後另外準備一個牛皮紙袋收集這類收據，應該就不會有這種情形發生了。」

媽媽仍然不平的說：「這次就只能自認倒楣嗎？」

爸爸說：「還好這張收據上的字跡只是模糊，還沒完全消失，明天我拿去停車管理處申訴，應該沒有問題。」

這時，明雪也放學回到家了，聽到這件事。她關心的竟然是……

「我一直很好奇這種感熱紙為什麼會出現字跡。」

爸爸說：「嗯，我今天在辦公室正好收到一份傳真，傳真紙也是感熱紙做的。」接著他由公事包中拿出一張傳真紙。

「傳真上的資料我已經看過，我現在就用這張紙做幾個實驗給你們看，你們可以一邊告訴我你們的推理。」

「推理？」明安問：「這是偵探在辦案嗎？」

爸爸笑著說：「科學家做研究和偵探辦案很類似，都是由蛛絲馬跡中找出事實的真相。」

爸爸把傳真紙撕成幾片，拿其中一片要明安摺紙飛機，明安摺好之後，爸爸就用吹風機對著紙飛機吹熱空氣，結果紙飛機變成黑色。

「好啦，小偵探，你們的推理是什麼？」

明安搶著回答：「它遇到熱會變黑，所以才叫感熱紙啊！」

爸爸點點頭說：「很好。接下來，我們把紙飛機攤開來，看看你們會發現什麼？」

原來這張紙並沒有完全變黑，而是一塊黑，一塊白。

明安說：「因為摺起來的地方沒吹到，所以沒變黑啊！」說著他接過這張紙，又用吹風機再均勻的吹一遍，發現有一面完全變黑，另一面仍然不變色。他想了一想說：「會變色的色素只塗在紙的一面，另一面沒有塗。」

爸爸很開心的說：「很好，推論完全正確。」

接著爸爸請媽媽到廚房倒一點醋在碗裡，然後爸用筷子沾醋，在另一片傳真紙上畫了一個圓圈，沾到醋的地方立刻出現黑色。

明安很驚訝的問：「醋會熱嗎？」

爸爸把紙交到明安手裡，說：「你自己摸摸看啊！」

明安用手摸摸紙上的醋，一點也不熱，他把沾在手上的醋抹在傳真紙上，凡是抹到的地方都出現黑色，納悶道：「好怪喔，我想不透。」

明雪沉思了一會兒，說：「我想感熱紙，其實並不感熱，而是感酸。紙的一面應該加了色素和酸性物質，這種色素本來是白色的，所以紙張呈現白色。一旦紙在傳真機或收據列印機受熱，色素就與酸性物質發生反應，變成黑色，這

就是感熱紙會出現字跡的原理。如果直接加酸與色素反應，不必有熱，也一樣會使這種色素變黑色。」

爸爸問：「妳要怎麼證明妳的推論呢？」

明雪跑到急救箱旁邊，拿出氨水解釋：「如果這種色素真的是因為遇酸而變色，那麼只要在傳真紙上的黑色字跡抹上鹼性的氨水，應該會使字跡消失。」

果然，氨水抹到之處，黑色字跡全部變回白色，字跡消失了。

爸爸不禁鼓掌叫好，說：「完全正確。感熱紙有一面塗了一層白色素，還有包覆在微囊胞中的酸性顯色劑，但是兩者以囊胞隔開，平時紙都保持白色。傳真機或收據列印機接到訊號後，會在特定的位置加熱，使那個地方的囊胞破裂，白色素與酸性顯色劑相遇，就產生黑色。所以如果妳用原子筆的筆蓋在感熱紙上用力刮，也會刮破囊胞，使紙上出現有色的刮痕。」

明安手邊沒有原子筆，就用指甲在感熱紙上用力刮，果然出現黑色刮痕，笑說：「好好玩喔！」

這時媽媽忽然想到什麼，質疑的說：「可是我在報上讀到一則消息，說這些感熱紙上有一種叫雙酚A的物質，是環境荷爾蒙，對小孩的發育不好。」

爸爸點點頭說：「沒錯，感熱紙裡面的顯色劑就是雙酚A，所以接觸過感熱紙後，最好先洗手再接觸食物。」

媽媽說：「真可怕，快去洗手。」

爸爸說：「今天兩位小偵探表演良好，這麼快就能解開感熱紙的謎團，我決定請大家到餐廳吃大餐。」

明雪和明安都發出歡呼，急忙到浴室洗手。

這時候，外面不知發生了什麼事，一陣喧譁聲。

爸爸剛走到門口，想把門打開看看發生什麼事，一名彪形大漢突然跌進門內，爸爸嚇了一跳，睜大眼睛一看，才發現竟然是李雄警官。他今天沒穿制服，穿著一件藍色薄外套和白色牛仔褲，臉色蒼白，嘴裡斷斷續續說：「有搶案……快幫我通知局裡……」說完就暈了過去。

明雪和明安聽到聲音也跑出來，看到眼前的情形，驚訝的問：「怎麼回事？李雄叔叔怎麼會突然昏倒？」

　　爸爸趕快請媽媽報警叫救護車，這時候有位老婆婆走到門口，對爸爸說：「這個年輕人真勇敢，有搶匪搶了我的錢，他正好路過，幫我把搶匪捉住，錢也搶回來，沒想到搶匪還有好幾名同夥，突然從他背後偷襲，其中一人還帶了木棍。這個年輕人才寡不敵眾，被打倒，又被他們搶走了錢。」

　　這時候大家才明白，原來李雄是遭到歹徒偷襲。如此一來，老婆婆就是刑案的重要關係人。

　　爸爸急忙對老婆婆說：「請妳進來坐，這人是我的朋友，同時也是一位警官，等一下警車和救護車就會到，會請妳到警局做筆錄，這樣才能抓到歹徒，把妳被搶走的錢追回來。」

　　老婆婆依爸爸的建議，走進客廳來等警察。

　　明雪跑到李雄身邊，仔細觀察，希望能找出什麼線索，早點捉住歹徒。她看到李雄手裡緊緊抓著一小張白紙，她知道那是重要證物，不能亂動，所以只能在一旁盯著這張紙瞧。

　　過了一會兒，她問：「阿婆，妳的錢是從提款機領的嗎？」

　　老婆婆驚訝的說：「是啊，我從巷口超商附設的提款機領了兩萬塊，放在口袋裡，才走出店門沒幾步，就有一個年輕人從背後接近我，把我口袋裡的錢抽走，而且拔腿就跑，我根本追不上，只能用喊的，這位警官正好路過，就幫我追歹徒……」

　　明雪急著問：「阿婆，妳從超商的提款機領錢的時候，不是會有明細表嗎？明細表還在不在？」

　　「在啊，到銀行提款機領錢，明細表很小張，超商的明細表都很大張。」

　　明雪笑笑說：「喔，那是因為明細表底下還加了一長串的折價券啦！妳的明細表真的還在嗎？」

　　阿婆掏了掏口袋，疑惑的說：「咦，怎麼不見了？被那些夭壽歹徒連鈔票一起搶走了啦！」

　　明雪說：「別急，明細表現在應該在李警官手裡，不過現在已經成為刑案證物，暫時不能還妳。」

「沒關係，錢都被搶走了，要那張明細表有什麼用？趕快抓到歹徒比較重要。」

這時警笛聲已由遠而近，救護人員和警察都到了。

救護人員一進屋裡，就要把李雄搬上擔架，明雪說：「等一下，他手上那張紙是重要證物。」

這時候鑑識專家張倩也到了，她立刻戴上手套，把李雄手上那張紙取下，才讓救護人員把李雄抬走。

張倩打開那張紙，果然是明細表。

明雪簡單向張倩說明了事情的經過。「李叔叔緊捏著這張明細表不放，也許他想向我們傳達某種訊息，上面可能有重要的證據。」

張倩點點頭，仔細觀察了那張紙之後，把它放進一個玻璃瓶中，並把瓶蓋旋緊：「這是感熱紙，上面非常容易採集到指紋，妳有沒有興趣和我一起到實驗室進行檢驗？」

「當然有興趣。」明雪高興得跳起來，不過她還是看看爸媽，徵求他們的同意。

爸爸點點頭說：「去吧，早點抓到歹徒，將攻擊李雄叔

叔的歹徒繩之以法。」

　　等張倩到超商及街頭案發地點採集證物完畢後，明雪就跟她一起搭警車到實驗室。李雄的部屬林警官則負責案件的調查，他命人將老婆婆送至警局做筆錄，也到超商取得監視錄影帶，並訪問附近店家，看看有沒有目擊者。

　　進入鑑識組的實驗室之後，張倩把放有感熱紙的玻璃瓶交給明雪，並詳細說明她的判斷：「聽妳描述案發的經過，可知歹徒由老婦人口袋中搶奪鈔票時，連明細表也一起抓走了，雖然後來他的同夥偷襲李雄，把鈔票搶回去，但明細表落在李雄手裡而未搶走。我注意到李雄捏住的是紙的背面，也就是沒有塗白色素的那一面，所以正面很可能還留有歹徒的指紋，現在妳要依我的指示，讓指紋現形。」

　　明雪雖然很興奮，但深感責任重大而有點緊張的問：「妳確定我會做嗎？」

　　張倩笑笑說：「放心，這個技術不會比妳學校的化學實驗困難，只要照我說的方法，一步一步做，就會成功。現在先戴上橡皮手套。」

於是明雪依張倩指示，用戴著橡皮手套的手打開瓶蓋，用鑷子夾出紙張，放到一個壓克力製的箱子。箱子裡有個恆溫槽，槽中放了一個培養皿。明雪把紙懸掛在箱子裡，然後由藥瓶中倒出少量碘晶體到培養皿中，打開恆溫槽的電源，關上壓克力箱子，幾分鐘後，透過透明的壓克力，可以看到紙上浮現出幾枚清晰的黑褐色指紋。明雪高興得大叫，沒想到這麼簡單就能讓指紋重現。

張倩冷靜的指揮明雪繼續操作，囑咐說：「碘的蒸氣有毒，現在戴上口罩，打開壓克力箱子，關掉恆溫槽電源，用鑷子把紙拿出來，再用數位相機拍照。」

拍下指紋後，張倩立刻把相機的記憶卡取下，交給另一位鑑識人員。「用電腦搜尋這些指紋有沒有犯罪紀錄。」

明雪擔心的說：「要不要用膠帶把指紋貼起來啊？不然碘很快就會昇華成氣體，辛辛苦苦重現的指紋就消失了。」

張倩笑笑說：「指紋上有我們分泌的油脂，所以會吸附碘分子，這就是我們採用碘蒸氣使指紋浮現的原理。因為吸附只是物理變化，所以在普通的紙上採集到的指紋要立刻用

膠帶封存，否則碘很容易昇華，指紋就消失了。但是感熱紙上的白色素會與碘分子發生反應，把電子傳送給碘，而本身轉變成有色的物質，因為產生了化學變化，所以感熱紙上採集的指紋不用封存，可以保存很久。」

這時候負責搜尋指紋檔案的鑑識人員高興的向張倩報告：「找到嫌犯了，明細表上除了老婦人和組長的指紋外還有另一個人的指紋，經過搜尋後發現，是個有搶奪前科的年輕人，名叫彭羽齊，昨天才剛出獄。」

張倩搖搖頭：「年輕人不學好，剛出獄就犯罪，為了兩萬塊就犯下這種搶奪和傷害的重罪，真不值得。」

雖然已是深夜，張倩還是趕忙把嫌犯資料送給林警官，林警官那兒也查出點眉目了：「根據我們訪查目擊者及調閱便利商店監視錄影帶的結果，嫌犯是三男一女，女性嫌犯先假裝在超商內購物，發現老婦人提領現金，立刻尾隨走出店外，打暗號給其他三名男性嫌犯。由其中一人，可能就是彭羽齊，下手行搶，不料組長正好下班經過，見狀立即上前逮捕，其他三人只好由背後偷襲，救了同夥，並且把錢搶走。

現在有了彭羽齊的資料，我馬上去逮捕他，相信其他三名同夥也跑不掉。」

林警官率隊出發前，回頭交代張倩：「陪組長到醫院的同仁剛剛打電話回來，說組長已經醒了，傷勢也不嚴重，你們快去探望他吧。告訴他我正要去逮捕歹徒，他一定會很高興。」

張倩點點頭，對明雪說：「妳看，李警官的服務熱忱也感染了他的部屬，不論現在是不是下班時間，每個人都以除暴安良為己任。」

明雪說：「嗯，我也很佩服李叔叔，我們快到醫院探望他吧！」

科學 小百科

　　碘（I_2，Iodine）在常溫下是紫色的固體，並會釋放出紫色的氣體。碘是一種會昇華的物質，也就是說，碘在常溫常壓下並沒有液態，而會直接由固體轉化為氣體。

　　文章中取得指紋的碘燻法，就是利用碘會由固體直接氣化成氣體的碘分子，吸附在指紋內有機物上的原理（I_2＋油脂→I_2－油脂），讓指紋顯現顏色。這種方法適合在密閉容器內進行，而且以紙張效果最佳，有時為了節省時間會用加熱系統來加速碘的昇華。

國家圖書館出版品預行編目資料

大家來破案III／陳偉民著；米糕貴圖.
-- 初版. -- 台北市： 幼獅, 2012.05
面； 公分. --（多寶槅；185）
ISBN 978-957-574-863-0（平裝）

1.科學　2.通俗作品

307.9　　　　　　　　　　101001010

・多寶槅185・科博抽屜

大家來破案III

作　　　者＝陳偉民
繪　　　者＝米糕貴
出 版 者＝幼獅文化事業股份有限公司
發 行 人＝李鍾桂
總 經 理＝王華金
總 編 輯＝林碧琪
主　　編＝韓桂蘭
編　　輯＝黃淨閔
美術編輯＝李祥銘
總 公 司＝10045台北市重慶南路1段66-1號3樓
電　　話＝(02)2311-2836
傳　　真＝(02)2311-5368
郵政劃撥＝00033368

印　　刷＝祥新印刷股份有限公司
定　　價＝220元
港　　幣＝73元
初　　版＝2012.05
五　　刷＝2020.05
書　　號＝987200

幼獅樂讀網
http://www.youth.com.tw
e-mail:customer@youth.com.tw
幼獅購物網
http://shopping.youth.com.tw

幼獅文化公司／讀者服務卡／

感謝您購買幼獅公司出版的好書！

為提升服務品質與出版更優質的圖書，敬請撥冗填寫後（免貼郵票）擲寄本公司，或傳真（傳真電話02-23115368），我們將參考您的意見、分享您的觀點，出版更多的好書。並不定期提供您相關書訊、活動、特惠專案等。謝謝！

基本資料

姓名：⋯⋯⋯⋯⋯⋯⋯⋯⋯⋯⋯⋯⋯⋯⋯先生／小姐

婚姻狀況：□已婚 □未婚　職業：□學生 □公教 □上班族 □家管 □其他

出生：民國⋯⋯⋯⋯⋯年⋯⋯⋯⋯月⋯⋯⋯⋯日

電話：（公）⋯⋯⋯⋯⋯（宅）⋯⋯⋯⋯⋯（手機）⋯⋯⋯⋯⋯

e-mail：⋯⋯⋯⋯⋯⋯⋯⋯⋯⋯⋯⋯⋯⋯⋯⋯⋯⋯⋯

聯絡地址：⋯⋯⋯⋯⋯⋯⋯⋯⋯⋯⋯⋯⋯⋯⋯⋯⋯⋯

1.您所購買的書名：**大家來破案Ⅲ**

2.您通常以何種方式購書?：□1.書店買書 □2.網路購書 □3.傳真訂購 □4.郵局劃撥
（可複選）　□5.幼獅門市 □6.團體訂購 □7.其他

3.您是否曾買過幼獅其他出版品：□是，□1.圖書 □2.幼獅文藝 □3.幼獅少年
　　　　　　　　　　　　　　　□否

4.您從何處得知本書訊息：□1.師長介紹 □2.朋友介紹 □3.幼獅少年雜誌
（可複選）　□4.幼獅文藝雜誌 □5.報章雜誌書評介紹⋯⋯⋯⋯⋯報
　　　　　□6.DM傳單、海報 □7.書店 □8.廣播(　　　　　)
　　　　　□9.電子報、edm □10.其他⋯⋯⋯⋯⋯

5.您喜歡本書的原因：□1.作者 □2.書名 □3.內容 □4.封面設計 □5.其他

6.您不喜歡本書的原因：□1.作者 □2.書名 □3.內容 □4.封面設計 □5.其他

7.您希望得知的出版訊息：□1.青少年讀物 □2.兒童讀物 □3.親子叢書
　　　　　　　　　　　□4.教師充電系列 □5.其他

8.您覺得本書的價格：□1.偏高 □2.合理 □3.偏低

9.讀完本書後您覺得：□1.很有收穫 □2.有收穫 □3.收穫不多 □4.沒收穫

10.敬請推薦親友，共同加入我們的閱讀計畫，我們將適時寄送相關書訊，以豐富書香與心靈的空間：

(1)姓名⋯⋯⋯⋯ e-mail⋯⋯⋯⋯ 電話⋯⋯⋯⋯

(2)姓名⋯⋯⋯⋯ e-mail⋯⋯⋯⋯ 電話⋯⋯⋯⋯

(3)姓名⋯⋯⋯⋯ e-mail⋯⋯⋯⋯ 電話⋯⋯⋯⋯

11.您對本書或本公司的建議：

廣 告 回 信
台北郵局登記證
台北廣字第942號

請直接投郵　免貼郵票

10045　台北市重慶南路一段66-1號3樓

幼獅文化事業股份有限公司

- -

請沿虛線對折寄回

客服專線：02-23112836分機208　傳真：02-23115368

e-mail：customer@youth.com.tw

幼獅樂讀網http：//www.youth.com.tw

幼獅購物網http://shopping.youth.com.tw